职业教育“十三五”
数字媒体应用人才培养规划教材

Dreamweaver

CC

网页设计与应用 第4版

CC 2019
微课版

刘蕴 李利民 崔英敏 ◎ 主编　赵伟明 张丽香 徐健 ◎ 副主编

人民邮电出版社

北　京

图书在版编目（CIP）数据

Dreamweaver CC网页设计与应用 / 刘蕴，李利民，崔英敏主编. -- 4版. -- 北京：人民邮电出版社，2021.5（2022.5重印）
职业教育"十三五"数字媒体应用人才培养规划教材
ISBN 978-7-115-55292-1

Ⅰ. ①D… Ⅱ. ①刘… ②李… ③崔… Ⅲ. ①网页制作工具－职业教育－教材 Ⅳ. ①TP393.092

中国版本图书馆CIP数据核字(2020)第222553号

内 容 提 要

本书分为上、下两篇，详细地介绍了 Dreamweaver 的基本操作和应用。上篇为基础技能篇，介绍了 Dreamweaver CC 2019 的基础内容，包括文本、图像、多媒体、超链接、表格等元素的应用，以及 ASP、CSS、模板、库、表单、行为和网页代码的应用；下篇为案例实训篇，案例包括游戏娱乐网页、旅游休闲网页、房地产网页和电子商务网页的设计与制作。

本书适合作为高等职业院校网页设计类课程的教材，也可供相关人员自学参考。

◆ 主　　编　刘　蕴　李利民　崔英敏
　　副 主 编　赵伟明　张丽香　徐　健
　　责任编辑　范博涛
　　责任印制　王　郁　彭志环

◆ 人民邮电出版社出版发行　　北京市丰台区成寿寺路 11 号
　　邮编　100164　电子邮件　315@ptpress.com.cn
　　网址　https://www.ptpress.com.cn
　　三河市中晟雅豪印务有限公司印刷

◆ 开本：787×1092　1/16
　　印张：18.75　　　　　　　　2021 年 5 月第 4 版
　　字数：483 千字　　　　　　2022 年 5 月河北第 4 次印刷

定价：59.80 元

读者服务热线：(010)81055256　印装质量热线：(010)81055316
反盗版热线：(010)81055315
广告经营许可证：京东市监广登字 20170147 号

（第4版）

　　Dreamweaver 是由 Adobe 公司开发的网页编辑软件。它不但能够完成一般的网页编辑工作，而且能够制作出许多需要通过编程才能达到的效果，因此一直以来都是网页制作人员的重要工具。为了帮助院校的教师全面、系统地讲授这门课程，使读者能够熟练地使用 Dreamweaver，我们组成了包括院校教师和平面设计师在内的写作团队，共同编写了本书。

　　此次改版将软件版本更新为 Dreamweaver CC 2019。本书具有完善的知识结构体系，包括基础技能和案例实训两篇内容。在基础技能篇中，本书按照知识点讲解+课堂案例+课堂练习+课后习题的思路进行编排，通过知识点讲解，使读者快速熟悉软件功能和制作特色；通过课堂案例的演练，让读者深入学习软件功能和网页设计思路；通过课堂练习和课后习题，巩固读者的实际应用能力。在案例实训篇中，本书根据 Dreamweaver 在设计中的各个应用领域，精心安排了各种案例，通过这些案例的学习，读者的网页设计能力更加贴近实际工作，创意思维更加开阔，设计制作水平不断提升。在内容编写方面，我们力求细致全面、重点突出；在文字叙述方面，我们注意言简意赅、通俗易懂；在案例选取方面，我们强调案例的针对性和实用性。

　　为方便教师教学，本书配套了所有案例的素材及效果文件、课堂练习和课后习题的操作步骤视频，以及 PPT 课件、教学大纲等丰富的教学资源，读者可到人邮教育社区（www.ryjiaoyu.com）免费下载使用。本书的参考学时为 60 学时，其中实训环节为 24 学时，各章的学时参见下面的学时分配表。

章	课 程 内 容	学 时 分 配	
		讲 授	实 训
第 1 章	初识 Dreamweaver CC 2019	1	
第 2 章	文本	2	1
第 3 章	图像和多媒体	1	1
第 4 章	超链接	2	2
第 5 章	表格	2	2
第 6 章	ASP	2	2
第 7 章	CSS 样式	2	2
第 8 章	模板和库	2	2
第 9 章	表单	2	2
第 10 章	行为	2	1

章	课 程 内 容	学 时 分 配	
		讲　　授	实　　训
第 11 章	网页代码	2	1
第 12 章	游戏娱乐网页	4	2
第 13 章	旅游休闲网页	4	2
第 14 章	房地产网页	4	2
第 15 章	电子商务网页	4	2
学 时 总 计		36	24

由于编者水平有限，书中难免存在不妥之处，敬请广大读者批评指正。

编　者

2021 年 3 月

Dreamweaver 教学辅助资源及配套教辅

素材类型	名称或数量	素材类型	名称或数量
教学大纲	1 套	课堂案例	34 个
电子教案	15 单元	课堂练习	14 个
PPT 课件	15 个	课后习题	14 个
第 2 章 文本	青山别墅网页	第 8 章 模板和库	慕斯蛋糕店网页
	休闲度假村网页		鲜果批发网页
	有机果蔬网页		电子吉他网页
	国画展览馆网页		婚礼策划网页
第 3 章 图像和多媒体	蛋糕店网页	第 9 章 表单	用户登录界面
	物流运输网页		人力资源网页
	咖啡馆网页		健康测试网页
	五谷杂粮网页		动物乐园网页
第 4 章 超链接	创意设计网页		鑫飞越航空网页
	狮立地板网页		创新生活网页
	建筑规划网页		智能扫地机器人网页
第 5 章 表格	摩托车改装网页	第 10 章 行为	品牌商城网页
	租车网页		活动详情页
	典藏博物馆网页		爱在七夕网页
	火锅餐厅网页	第 11 章 网页代码	自行车网页
	OA 办公系统网页		土特产网页
第 6 章 ASP	节能环保网页		品质狂欢节网页
	网球俱乐部网页		机电设备网页
	挖掘机网页	第 12 章 游戏娱乐网页	锋七游戏网页
	建筑信息咨询网页		娱乐星闻网页
第 7 章 CSS 样式	山地车网页		综艺频道网页
	足球运动网页		时尚潮流网页
	葡萄酒网页		欢乐农场网页
	布艺沙发网页		

素材类型	名称或数量	素材类型	名称或数量
第 13 章 旅游休闲网页	滑雪运动网页	第 15 章 电子商务网页	电子购物平台网页
	户外运动网页		商务在线网页
	瑜伽休闲网页		家政无忧网页
	休闲生活网页		电子商情网页
	旅游度假网页		男士服装网页
第 14 章 房地产网页	购房中心网页		
	租房网页		
	短租房网页		
	二手房网页		
	热门房地产网页		

CONTENTS 目录

上篇

基础技能篇

第1章
初识 Dreamweaver CC 2019

本章主要讲解 Dreamweaver 的基础知识和基本操作。通过这些内容的学习，读者可以认识和了解工作界面的构成，学习网站框架的创建及站点的管理方法，为以后的网站设计和制作打下一个坚实的基础。

课堂学习目标

- ✔ 了解工作界面的构成
- ✔ 掌握创建网站框架的方法和流程
- ✔ 掌握站点的管理方法

1.1　工作界面

Dreamweaver CC 2019 的工作区将多个文档集中到一个窗口中，不仅降低了系统资源的占用，还可以更加方便地操作文档。Dreamweaver CC 2019 的工作窗口由 5 部分组成，分别是"插入"面板、"文档"工具栏、"文档"窗口、面板组和"属性"面板。Dreamweaver 的操作环境简洁明快，可大大提高设计效率。

1.1.1　开始屏幕

启动 Dreamweaver CC 2019 后，首先看到的画面是开始页面，供用户选择新建文件的类型，或打开已有的文档等，如图 1-1 所示。

选择"编辑 > 首选项"命令，弹

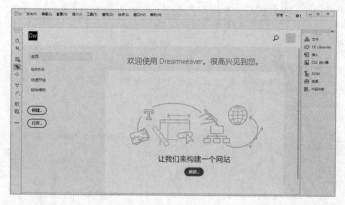

图 1-1

出"首选项"对话框，取消选择"显示开始屏幕"复选框，如图 1-2 所示。单击"应用"按钮完成设置，单击"关闭"按钮关闭对话框。Dreamweaver CC 2019 将不再显示开始屏幕。

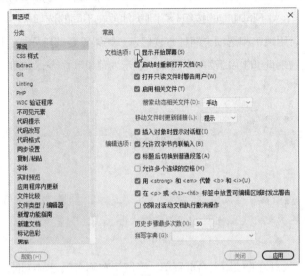

图 1-2

1.1.2　不同风格的界面

选择 "窗口 > 工作区布局"命令，弹出其子命令菜单，如图 1-3 所示，选择"标准"或"开发人员"命令。选择其中一种界面风格，页面会发生相应的改变。

1.1.3　多文档的编辑界面

Dreamweaver CC 2019 提供了多文档的编辑界面，将多个文档整合在一起，方便用户在各个文档之间切换，如图 1-4 所示。用户可以单击文档编辑窗口上方的选项卡，切换到相应的文档。通过多文档的编辑界面，用户可以同时编辑多个文档。

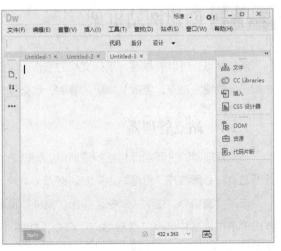

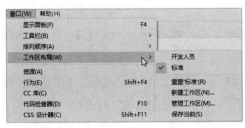

图 1-3

图 1-4

1.1.4 "插入"面板

"插入"面板包括"HTML""表单""模板""Bootstrap 组件""jQuery Mobile""jQuery UI"和"收藏夹"7 个选项卡，将不同功能的按钮分门别类地放在不同的选项卡中。在 Dreamweaver CC 2019 中，"插入"面板可用菜单和选项卡两种方式显示。如果需要菜单样式，用户可用鼠标右键单击"插入"面板的选项卡，在弹出的快捷菜单中选择"显示为菜单"命令，如图 1-5 所示，更改后效果如图 1-6 所示。

图 1-5

图 1-6

"插入"面板中将一些相关的按钮组合成菜单，当按钮右侧有黑色箭头时，表示其为展开式按钮，如图 1-7 所示。

图 1-7

1.2 创建网站框架

所谓站点，可以看作是一系列文档的组合，这些文档通过各种链接建立逻辑关联。用户在建立网站前必须要建立站点，修改某网页内容时，也必须先打开站点，然后修改站点内的网页。

1.2.1 站点管理器

站点管理器的主要功能包括新建站点、编辑站点、复制站点、删除站点及导入或导出站点。若要管理站点，必须打开"管理站点"对话框。

选择"窗口 > 文件"命令，弹出"文件"面板，如图 1-8 所示。单击"桌面"下拉列表，在弹出的下拉选项中选择"管理站点"命令，如图 1-9 所示。弹出"管理站点"对话框，如图 1-10 所示。

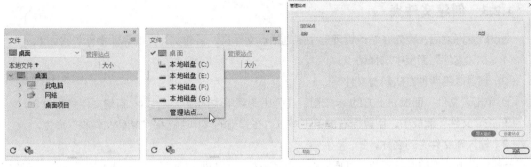

图 1-8 　　　　　　　　图 1-9 　　　　　　　　　　　图 1-10

在弹出的"管理站点"对话框中,通过"新建站点""编辑当前选定的站点""复制当前选定的站点"和"删除当前选定的站点"按钮,可以新建一个站点、修改选择的站点、复制选择的站点和删除选择的站点。通过对话框中的"导出当前选定的站点"和"导入站点"按钮,用户可以将站点导出为 XML 文件,然后再将其导入 Dreamweaver CC 2019 中。这样,用户就可以在不同的计算机和产品版本之间移动站点,或者与其他用户共享站点。

在"管理站点"对话框中,选择一个具体的站点,然后单击"完成"按钮,在"文件"面板的"文件"选项卡中就会出现站点管理器的缩略图。

1.2.2　定义新站点

在 Dreamweaver CC 2019 中,站点通常包含两部分,即本地站点和远程站点。本地站点是本地计算机上的一组文件,远程站点是远程 Web 服务器上的一个位置。用户将本地站点中的文件发布到网络上的远程站点,使公众可以访问它们。在 Dreamweaver CC 2019 中创建 Web 站点,通常先在本地磁盘上创建本地站点,然后创建远程站点,再将这些网页的副本上传到一个远程 Web 服务器上,使公众可以访问它们。本节只介绍如何创建本地站点。

(1)选择"站点 > 管理站点"命令,弹出"管理站点"对话框。

(2)在对话框中单击"新建站点"按钮,弹出"站点设置对象 未命名站点 2"对话框。在对话框中,设计者通过"站点"选项卡设置站点名称,如图 1-11 所示;单击"高级设置"选项,在弹出的选项卡中根据需要设置站点,如图 1-12 所示。

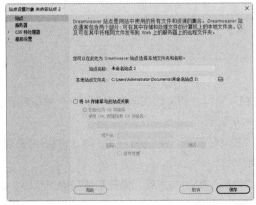

图 1-11

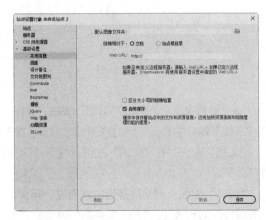

图 1-12

1.2.3　创建文件夹

站点建立好之后，要先在站点管理器中规划站点文件夹。新建文件夹的具体操作步骤如下。

（1）在"文件"面板中选择站点。

（2）通过以下两种方法新建文件夹。

① 单击"文件"面板右上方的 ≡ 按钮，在弹出的菜单中选择"文件 > 新建文件夹"命令。

② 在"文件"面板中，用鼠标右键单击站点，在弹出的菜单中选择"新建文件夹"命令。

（3）输入新文件夹的名称。

一般情况下，若站点不复杂，可直接将网页存放在站点的根目录下，并在站点根目录中，按照资源的种类建立不同的文件夹存放不同的资源。例如，image 文件夹存放站点中的图像文件，media 文件夹存放站点中的多媒体文件等。若站点复杂，需要根据实现不同功能的板块，在站点根目录中创建子文件夹存放不同的网页，这样可以方便网站设计者修改网站。

1.2.4　创建和保存网页

在标准的 Dreamweaver CC 2019 环境下，建立和保存网页的操作步骤如下。

（1）选择"文件 > 新建"命令，或按 Ctrl+N 组合键，弹出"新建文档"对话框，选择"新建文档"选项，在"文档类型"选项框中选择"HTML"选项，在"框架"选项框中选择"无"选项卡，设置如图 1–13 所示。

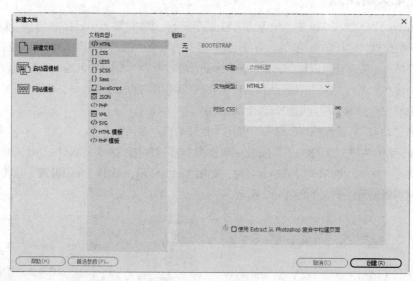

图 1–13

（2）设置完成后，单击"创建"按钮，弹出"文档"窗口，新文档在该窗口中打开。根据需要，在"文档"窗口中选择不同的视图设计网页，如图 1–14 所示。

"文档"窗口中有"代码"视图、"拆分"视图和"设计"视图 3 种视图方式，这 3 种视图方式的作用如下。

"代码"视图：有编程经验的网页设计用户可在"代码"视图中查看、修改和编写网页代码，以实现特殊的网页效果。"代码"视图的效果如图 1–15 所示。

图 1-14   图 1-15

"拆分"视图：将文档窗口分为上、下两部分，下面部分是代码部分，显示代码；上面部分是设计部分，显示网页元素及其在页面中的布局。在此视图中，网页设计用户通过在设计部分单击网页元素的方式，快速地定位到要修改的网页元素代码的位置，进行代码的修改，或在"属性"面板中修改网页元素的属性。"拆分"视图的效果如图 1-16 所示。

"设计"视图：以所见即所得的方式显示所有网页元素。"设计"视图的效果如图 1-17 所示。

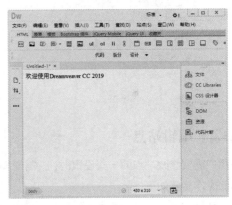

图 1-16   图 1-17

（3）网页设计完成后，选择"文件 > 保存"命令，弹出"另存为"对话框，在"文件名"选项的文本框中输入网页的名称，如图 1-18 所示，单击"保存"按钮，将该文档保存在站点文件夹中。

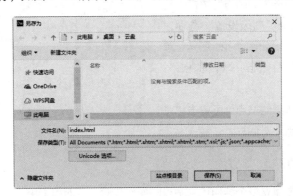

图 1-18

1.3 管理站点

在 Dreamweaver CC 2019 中，可以对本地站点进行多方面的管理，如打开、编辑、复制、删除等操作。

1.3.1 打开站点

当要修改某个网站的内容时，首先需要打开该站点。打开站点就是在各站点间进行切换，具体操作步骤如下。

（1）启动 Dreamweaver CC 2019。

（2）选择"窗口 > 文件"命令，或按 F8 键，弹出"文件"面板，在其中选择要打开的站点名，打开站点，如图 1-19 和图 1-20 所示。

图 1-19

图 1-20

1.3.2 编辑站点

当用户需要修改站点的一些设置时，就需要编辑站点。例如，修改站点的默认图像文件夹的路径，其具体的操作步骤如下。

（1）选择"站点 > 管理站点"命令，弹出"管理站点"对话框。

（2）在"管理站点"对话框中，选择要编辑的站点，单击"编辑当前选定的站点"按钮 🖉，在弹出的对话框中，选择"高级设置"选项，此时可根据需要进行修改，如图 1-21 所示，单击"保存"按钮完成设置，回到"管理站点"对话框。

（3）如果不需要修改其他站点，可单击"完成"按钮关闭"管理站点"对话框。

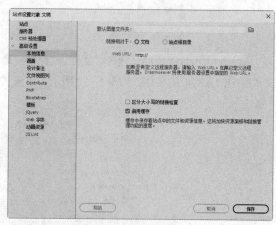

图 1-21

1.3.3 复制站点

复制站点可省去重复建立多个结构相同站点的操作步骤，从而提高用户的工作效率。在"管理站点"对话框中可以复制站点,其具体操作步骤如下。

(1)在"管理站点"对话框中选择要复制的站点。

(2)单击"复制当前选定的站点"按钮 进行复制。

(3)双击新复制的站点,弹出"文稿 复制"对话框,在"站点名称"选项的文本框中可以输入新站点的名称。

1.3.4　删除站点

删除站点只是删除 Dreamweaver CC 2019 与本地站点间的关系,而本地站点包含的文件和文件夹仍然保存在磁盘原来的位置上。换句话说,删除站点后,虽然站点文件夹保存在计算机中,但在 Dreamweaver CC 2019 中已经不存在此站点了。例如,在按下列步骤删除站点后,在"管理站点"对话框中,就不存在该站点的名称了。

(1)在"管理站点"对话框中选择要删除的站点。

(2)单击"删除当前选定的站点"按钮 即可删除选择的站点。

1.3.5　导出和导入站点

在计算机之间移动站点,或者与其他用户共同设计站点,可通过 Dreamweaver CC 2019 的导出和导入站点功能来实现。导出站点功能是将站点导出为"ste"格式的文件,然后在其他计算机上将其导入到 Dreamweaver CC 2019 中。

1. 导出站点

(1)选择"站点 > 管理站点"命令,弹出"管理站点"对话框。在对话框中,选择要导出的站点,单击"导出当前选定的站点"按钮 ,弹出"导出站点"对话框。

(2)在该对话框中浏览并选择保存该站点的路径,如图 1-22 所示,单击"保存"按钮,将该站点保存为扩展名为".ste"的文件。

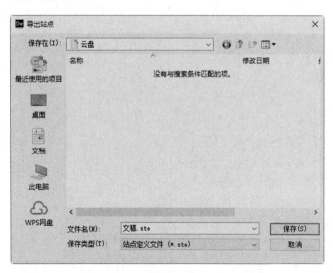

图 1-22

(3)单击"完成"按钮,关闭"管理站点"对话框,完成导出站点的设置。

2. 导入站点

导入站点的具体操作步骤如下。

（1）选择"站点 > 管理站点"命令，弹出"管理站点"对话框。

（2）在对话框中，单击"导入站点"按钮，弹出"导入站点"对话框，浏览并选定要导入的站点，如图 1-23 所示，单击"打开"按钮，站点被导入，如图 1-24 所示。

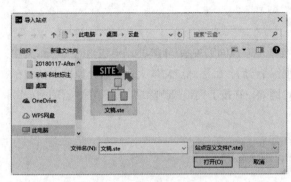
图 1-23

图 1-24

（3）单击"完成"按钮，关闭"管理站点"对话框，完成导入站点的设置。

02

第 2 章
文 本

文本是网页设计中最基本的元素。本章主要讲解文本的输入和编辑、水平线与网格的设置。通过这些内容的学习，读者可以充分利用文本工具和命令在网页中输入和编辑文本内容，设置水平线与网格，运用丰富的字体和多样的编排手段，表现出网页的内容。

课堂学习目标

- ✔ 掌握输入和编辑文本的方法
- ✔ 掌握设置页边距和插入换行符的方法
- ✔ 掌握水平线的设置方法
- ✔ 掌握显示和隐藏网格的方法

2.1 编辑文本格式

运用 Dreamweaver CC 2019 提供的多种向网页中添加文本和设置文本格式的方法，可以插入文本、设置字体类型、大小、颜色和对齐等。

2.1.1 输入文本

应用 Dreamweaver CC 2019 编辑网页时，在文档窗口中光标为默认显示状态。要添加文本，首先应将光标移动到文档窗口中的编辑区域，然后直接输入文本，就像在其他文本编辑器中一样。打开一个文档，在文档中单击鼠标左键，将光标置于其中，然后在光标后面输入文本即可，如图 2-1 所示。

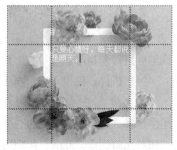

图 2-1

2.1.2 设置文本属性

利用文本属性可以方便地修改选中文本的字体、字号、样式、对齐方式等，以获得预期的效果。

选择"窗口 > 属性"命令，或按 Ctrl+F3 组合键，弹出"属性"面板，在 HTML 和 CSS 属性面板中都可以设置文本的属性，如图 2-2 和图 2-3 所示。

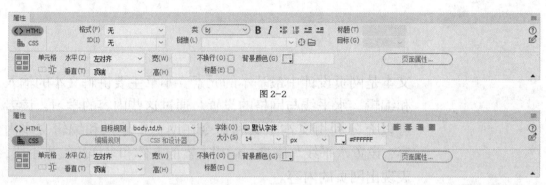

图 2-2

图 2-3

"属性"面板中各选项的含义如下。

"格式"选项：用于设置所选文本的段落样式。例如，使段落应用"标题 1"的段落样式。

"ID"选项：用于设置所选元素的 ID 名称。

"类"选项：用于为所选元素添加 CSS 样式。

"链接"选项：用于为所选元素添加超链接效果。

"目标规则"选项：用于设置已定义的或引用的 CSS 样式为文本的样式。

"字体"选项：用于设置文本的字体组合。

"大小"选项：用于设置文本的字级。

"颜色"按钮 ：用于设置文本的颜色。

"粗体"按钮 **B**、"斜体"按钮 *I*：用于设置文字格式。

"左对齐"按钮 、"居中对齐"按钮 、"右对齐"按钮 、"两端对齐"按钮 ：用于设置段落在网页中的对齐方式。

"无序列表"按钮 、"编号列表"按钮 ：用于设置段落的项目符号或编号。

"删除内缩区块"按钮 、"内缩区块"按钮 ：用于设置段落文本向右凸出或向左缩进一定距离。

2.1.3 输入连续空格

在默认状态下，Dreamweaver CC 2019 只允许网站设计者输入一个空格，要输入连续多个空格则需要进行设置或通过特定操作才能实现。具体操作步骤如下。

（1）选择"编辑 > 首选项"命令，弹出"首选项"对话框。

（2）在"首选项"对话框左侧的"分类"列表中选择"常规"选项，在右侧的"编辑选项"选项组中选择"允许多个连续的空格"复选框，如图 2-4 所示，单击"应用"按钮完成设置，单击"关闭"按钮关闭对话框。此时，用户可连续按 Space 键在文档编辑区内输入多个空格。

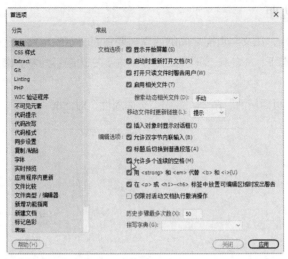

图 2-4

2.1.4 设置显示或隐藏不可见元素

显示或隐藏某些不可见元素的具体操作步骤如下。

（1）选择"编辑 > 首选项"命令，弹出"首选项"对话框。

（2）在"首选项"对话框左侧的"分类"列表中选择"不可见元素"选项，根据需要选择或取消选择右侧的多个复选框，以实现不可见元素的显示或隐藏，如图 2-5 所示，单击"应用"按钮完成设置，单击"关闭"按钮关闭对话框。

最常用的不可见元素是换行符、脚本、命名锚记、AP 元素的锚点和表单隐藏区域，一般将它们设为可见。

但细心的网页设计者会发现，虽然在"首选项"对话框中设置了某些不可见元素为显示状态，但在网页的设计视图中却看不见这些不可见元素。为了解决这个问题，还必须选择"查看 > 设计视图选项 > 可视化助理 > 不可见元素"命令，选择"不可见元素"选项后，效果如图 2-6 所示。

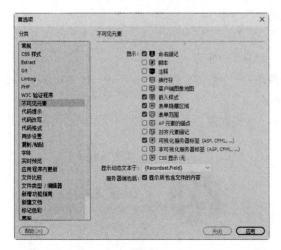

图 2-5

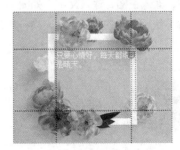

图 2-6

2.1.5 设置页边距

按照文章的书写规则，正文与页面之间的四周需要留有一定的距离，这个距离叫页边距。网页设计也如此，在默认状态下，HTML文档的上、下、左、右边距不为零。修改页边距的具体操作步骤如下。

（1）选择"文件 > 页面属性"命令，弹出"页面属性"对话框，如图2-7所示。

图2-7

（2）根据需要在对话框的"左边距""右边距""上边距""下边距"选项的数值框中输入相应的数值。这些选项的含义如下。

"左边距""右边距"选项：用于指定网页内容与浏览器的左、右页边距。

"上边距""下边距"选项：用于指定网页内容与浏览器的上、下页边距。

"边距宽度"选项：用于指定网页内容与Navigator浏览器的左、右页边距。

"边距高度"选项：用于指定网页内容与Navigator浏览器的上、下页边距。

2.1.6 插入换行符

为段落插入换行符有以下几种方法。

① 选择"插入"面板中的"HTML"选项卡，单击"字符：换行符"展开式工具按钮 ↵ 。

② 按Shift+Enter组合键。

③ 选择"插入 > HTML > 字符 > 换行符"命令。

在文档中插入换行符的操作步骤如下。

（1）打开一个网页文件，输入一段文字，如图2-8所示。

（2）按Shift+Enter组合键，将光标切换到另一个段落，如图2-9所示。按Shift+Ctrl+Space组合键，输入空格，输入文字，如图2-10所示。

（3）使用相同的方法，输入换行符和文字，效果如图2-11所示。

图2-8   图2-9

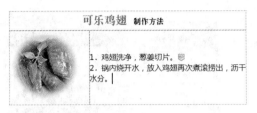

图 2-10

图 2-11

2.1.7　课堂案例——青山别墅网页

【案例学习目标】使用"属性"面板改变网页中的元素，使网页变得更加美观。

【案例知识要点】使用"页面属性"命令，设置页面外观、网页标题效果；使用"首选项"命令，设置允许多个连续空格，如图 2-12 所示。

【效果所在位置】云盘/Ch02/效果/青山别墅网页/index.html。

图 2-12

1. 设置页面属性

（1）选择"文件 > 打开"命令，在弹出的"打开"对话框中，选择云盘中的"Ch02 > 素材 > 青山别墅网页 > index.html"文件，单击"打开"按钮打开文档，如图 2-13 所示。

（2）选择"文件 > 页面属性"命令，弹出"页面属性"对话框。在左侧的"分类"列表中选择"外观（CSS）"选项，将右侧的"页面字体"选项设为"方正兰亭黑简体"，"大小"选项设为 15，"文本颜色"选项设为白色，"左边距""右边距""上边距""下边距"选项均设为 0，如图 2-14 所示。

图 2-13

图 2-14

（3）在左侧的"分类"列表中选择"标题/编码"选项，在右侧的"标题"选项文本框中输入"青山别墅网页"，如图 2-15 所示，单击"确定"按钮，完成页面属性的修改，效果如图 2-16 所示。

图 2-15   图 2-16

2. 输入空格和文字

（1）选择"编辑 > 首选项"命令，弹出"首选项"对话框，在左侧的"分类"列表中选择"常规"选项，在右侧的"编辑选项"选项组中勾选"允许多个连续的空格"复选框，如图 2-17 所示，单击"应用"按钮完成设置，单击"关闭"按钮关闭对话框。将光标置入图 2-18 所示的单元格中。

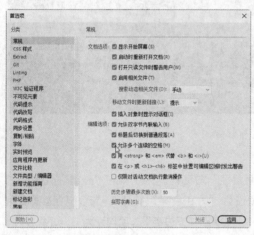

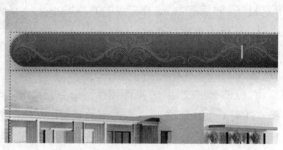

图 2-17   图 2-18

（2）在光标所在的位置输入文字"首页"，如图 2-19 所示。按 6 次 Space 键输入空格。在光标所在的位置输入文字"关于我们"，如图 2-20 所示。用相同的方法输入其他文字，效果如图 2-21 所示。

图 2-19   图 2-20   图 2-21

（3）选择"编辑 > 首选项"命令，弹出"首选项"对话框，在左侧的"分类"列表中选择"不可见元素"选项，在右侧的"显示"选项组中勾选"换行符"复选框，如图 2-22 所示，单击"应用"按钮完成设置，单击"关闭"按钮关闭对话框。将光标置入图 2-23 所示的单元格中。

图 2-22   图 2-23

（4）在光标所在的位置输入文字"一场令人心跳加速的神秘约会即将来临!"，如图 2-24 所示。按 Shift+Enter 组合键，将光标切换至下一行，输入文字"精装修公寓，直接入住!"，如图 2-25 所示。

图 2-24   图 2-25

（5）按 Enter 键，将光标切换至下一段，输入文字"家在风景里"，如图 2-26 所示。按 Shift+ Enter 组合键，将光标切换至下一行，输入文字"绿意生活即刻上演"，如图 2-27 所示。

图 2-26   图 2-27

（6）选择"窗口 > CSS 设计器"命令或按 Shift+F11 组合键，弹出"CSS 设计器"面板，如图 2-28 所示。在"源"选项组中选中"<style>"选项，单击"选择器"选项组中的"添加选择器"按钮 +，在"选择器"选项组中出现文本框，如图 2-29 所示，输入名称".text"，按 Enter 键确认输入，如图 2-30 所示。

图 2-28

图 2-29

图 2-30

（7）在"属性"选项组中单击"文本"按钮，切换到文本属性，将"font-family"设为"黑体"，"font-size"设为 22 px，"line-height"设为 30 px，如图 2-31 所示。

（8）在"CSS 设计器"面板中，单击"选择器"选项组中的"添加选择器"按钮，在"选择器"选项组中出现文本框，输入名称".text1"，按 Enter 键确认输入，如图 2-32 所示。在"属性"选项组中单击"文本"按钮，切换到文本属性，将"font-family"设为"方正正大黑简体"，"font-size"设为 48 px，"line-height"设为 60 px，如图 2-33 所示。

图 2-31

图 2-32

图 2-33

（9）选中图 2-34 所示的文字，在"属性"面板"类"选项的下拉列表中选择"text"选项，应用样式，效果如图 2-35 所示。

图 2-34

图 2-35

（10）选中图 2-36 所示的文字，在"属性"面板"类"选项的下拉列表中选择"text1"选项，应用样式，效果如图 2-37 所示。

图 2-36

图 2-37

（11）保存文档，按 F12 键预览效果，如图 2-38 所示。

图 2-38

2.2　水平线与网格

　　水平线可以将文字、图像、表格等对象在视觉上分割开。一篇内容繁杂的文档，如果合理地放置几条水平线，就会变得层次分明、便于阅读。

　　虽然 Dreamweaver 提供了所见即所得的编辑器，但是通过视觉来判断网页元素的位置并不准确。要想精确地定位网页元素，就必须依靠 Dreamweaver 提供的定位工具。

2.2.1 水平线

1. 创建水平线

创建水平线的方法有以下两种。

① 选择"插入"面板中的"HTML"选项卡，单击"水平线"工具按钮 ▤ 。

② 选择"插入 > HTML > 水平线"命令。

2. 修改水平线

在文档窗口中，选中水平线，选择"窗口 > 属性"命令，弹出"属性"面板，如图 2-39 所示，可以根据需要对属性进行修改。

图 2-39

在"水平线"选项下方的文本框中可以输入水平线的名称。

在"宽"选项的文本框中可以输入水平线的宽度值，其单位可以是像素，也可以是相对页面水平宽度的百分比。

在"高"选项的文本框中可以输入水平线的高度值，单位只能是像素。

在"对齐"选项的下拉列表中，可以选择水平线在水平位置上的对齐方式，可以是"左对齐""右对齐"或"居中对齐"，也可以选择"默认"选项使用默认的对齐方式，一般为"居中对齐"。

如果选择"阴影"复选框，水平线将被设置为阴影效果。

2.2.2 显示和隐藏网格

使用网格可以更加方便地定位网页元素，在网页布局时网格也具有至关重要的作用。

1. 显示和隐藏网格

选择"查看 > 设计视图选项 > 网格设置 > 显示网格"命令，或按 Ctrl+Alt+G 组合键，此时处于显示网格的状态，网格在"设计"视图中可见，如图 2-40 所示。

2. 设置网页元素与网格对齐

选择"查看 > 设计视图选项 > 网格设置 > 靠齐到网格"命令，或按 Ctrl+Alt+Shift+G 组合键，此时，无论网格是否可见，都可以让网页元素自动与网格对齐。

3. 修改网格的疏密

选择"查看 > 设计视图选项 > 网格设置 > 网格设置"命令，弹出"网格设置"对话框，如图 2-41 所示。在"间隔"选项的文本框中输入一个数字，并从下拉列表中选择间隔的单位，单击"确定"按钮关闭对话框，完成对网格线疏密的修改。

4. 修改网格线的形状和颜色

选择"查看 > 设计视图选项 > 网格设置 > 网格设置"命令，弹出"网格设置"对话框。在对话框中，先单击"颜色"按钮并从颜色拾取器中选择一种颜色，或者在文本框中输入一个十六进制的数字，然后单击"显示"选项组中的"线"或"点"单选项，如图 2-42 所示，最后单击"确定"按钮，完成网格线颜色和线型的修改。

图 2-40

图 2-41

图 2-42

2.2.3　课堂案例——休闲度假村网页

【案例学习目标】使用"插入"命令插入水平线，使用代码改变水平线的颜色。

【案例知识要点】使用"水平线"命令，在文档中插入水平线；使用"属性"面板，取消水平线的阴影；使用代码改变水平线的颜色，如图 2-43 所示。

图 2-43

【效果所在位置】云盘/Ch02/效果/休闲度假村网页/index.html。

（1）选择"文件 > 打开"命令，在弹出的"打开"对话框中，选择云盘中的"Ch02 > 素材 > 休闲度假村网页 > index.html"文件，单击"打开"按钮打开文件，如图 2-44 所示。将光标置入图 2-45 所示的单元格中。

图 2-44

图 2-45

（2）选择"插入 > HTML > 水平线"命令，在单元格中插入水平线，效果如图 2-46 所示。

图 2-46

（3）选中水平线，在"属性"面板中，将"高"选项设为 1，取消选择"阴影"复选框，如图 2-47 所示，水平线效果如图 2-48 所示。

图 2-47

图 2-48

（4）选中水平线，单击文档窗口上方的"拆分"按钮 拆分 ，在"拆分"视图窗口中的"noshade"代码后面置入光标，按一次空格键，标签列表中会弹出该标签的属性参数，在其中选择属性"color"，如图 2-49 所示。

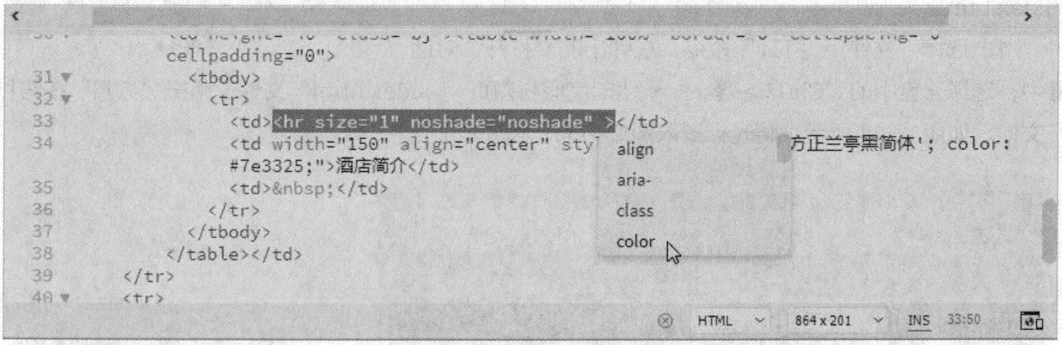

图 2-49

（5）选择"color"属性后，单击弹出"Color Picker…"属性，如图 2-50 所示。在弹出的颜色混合器中选择颜色，标签效果如图 2-51 所示。

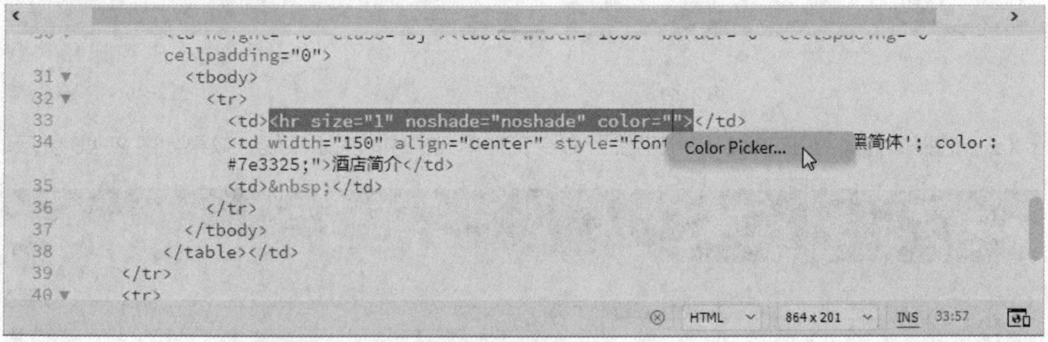

图 2-50

```
30         <td height= 16 class= .bj > <table width= 100% border= 0 cellspacing= 0
           cellpadding="0">
31 ▼         <tbody>
32 ▼           <tr>
33               <td><hr size="1" noshade="noshade" color="#7E3325"></td>
34               <td width="150" align="center" style="font-family: '方正兰亭黑简体'; color:
                 #7e3325;">酒店简介</td>
35               <td> </td>
36             </tr>
37           </tbody>
38         </table></td>
39       </tr>
40 ▼     <tr>
```

图 2-51

（6）用上述方法制作出图 2-52 所示的效果。

图 2-52

（7）因为水平线的颜色不能在 Dreamweaver CC 2019 界面中确认，所以需要保存文档，按 F12 键预览，效果如图 2-53 所示。

图 2-53

课堂练习——有机果蔬网页

【练习知识要点】使用"页面属性"命令，设置页面外观、网页标题效果；使用"首选项"命令，设置允许多个连续空格；使用"CSS 设计器"面板，设置文字的字体、大小和行距，如图 2-54 所示。

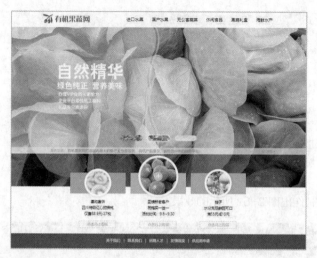

图 2-54

【效果所在位置】云盘/Ch02/效果/有机果蔬网页/index.html。

课后习题——国画展览馆网页

【习题知识要点】使用"属性"面板，设置文字大小、颜色及字体，如图 2-55 所示。

图 2-55

【效果所在位置】云盘/Ch02/效果/国画展览馆网页/index.html。

第 3 章
图像和多媒体

图像和多媒体是网页中的重要元素，在网页中的应用越来越广泛。本章主要讲解图像和多媒体在网页中的应用方法和技巧，通过这些内容的学习，学生可以使设计制作的网页更加美观形象、生动丰富，更可以增加网页的动感，使网页更具有吸引力。

课堂学习目标

- ✔ 掌握在网页中插入和编辑图像的方法
- ✔ 掌握多媒体在网页中的应用方法和技巧

3.1 图像的基本操作

图像是网页中最主要的元素之一，它不但能美化网页，而且与文本相比能够直观地说明问题，使所表达的意思一目了然。这样图像就会为网站增添生命力，同时也加深用户对网站的印象。因此，对于网站设计者而言，掌握图像的使用技巧是非常必要的。

3.1.1　网页中的图像格式

网页中通常使用的图像文件有 JPEG、GIF、PNG 三种格式，但大多数浏览器只支持 JPEG 和 GIF 两种图像格式。因为要保证浏览者下载网页的速度，网站设计者也常使用 JPEG 和 GIF 这两种压缩格式的图像。

1. GIF 文件

GIF 文件是网络中最常见的图像格式，其具有以下特点。

（1）最多可以显示 256 种颜色。因此，它最适合显示色调不连续或具有大面积单一颜色的图像，如导航条、按钮、图标、徽标或其他具有统一色彩和色调的图像。

（2）使用无损压缩方案，图像在压缩后不会有细节的损失。

（3）支持透明的背景，可以创建带有透明区域的图像。

（4）是交织文件格式，在浏览器完成图像下载之前，浏览者即可看到该图像。

（5）图像格式的通用性好，几乎所有的浏览器都支持此图像格式，并且有许多免费软件支持 GIF 图像文件的编辑。

2. JPEG 文件

JPEG 文件是用于为图像提供一种"有损耗"压缩的图像格式，其具有以下特点。

（1）具有丰富的色彩，最多可以显示 1 670 万种颜色。

（2）使用有损压缩方案，图像在压缩后会有细节的损失。

（3）JPEG 格式的图像比 GIF 格式的图像小，下载速度更快。

（4）图像边缘的细节损失严重，所以不适合包含色彩鲜明对比的图像或文本的图像。

3. PNG 文件

PNG 文件是专门为网络而准备的图像格式，其具有以下特点。

（1）使用新型的无损压缩方案，图像在压缩后不会有细节的损失。

（2）具有丰富的色彩，最多可以显示 1 670 万种颜色。

（3）图像格式的通用性差。IE 4.0 或更高版本和 Netscape 4.04 或更高版本的浏览器都只能部分支持 PNG 图像的显示。因此，只有在为特定的目标用户进行设计时，才使用 PNG 格式的图像。

3.1.2 在网页中插入图像

要在 Dreamweaver CC 2019 文档中插入的图像必须位于当前站点文件夹内或远程站点文件夹内，否则图像不能正确显示，所以在建立站点时，网站设计者常先创建一个名为"images"的文件夹，并将需要的图像复制到其中。

在网页中插入图像的具体操作步骤如下。

（1）在文档窗口中，将插入点放置在要插入图像的位置。

（2）通过以下几种方法启用"图像"命令，弹出"选择图像源文件"对话框，如图 3-1 所示。

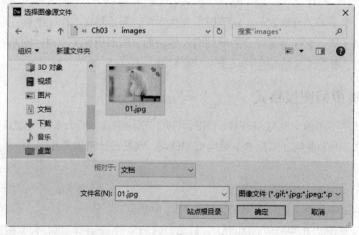

图 3-1

① 选择"插入"面板中的"HTML"选项卡，单击"Image"按钮 🖾 。

② 选择"插入 > Image"命令。

③ 按 Ctrl+Alt+I 组合键。

（3）在对话框中，选择图像文件，单击"确定"按钮完成设置。

3.1.3　设置图像属性

插入图像后，在"属性"面板中显示该图像的属性，如图 3-2 所示。

图 3-2

各选项的含义如下。

"图像 ID"选项：用于指定图像的 ID 名称。

"Src"选项：用于指定图像的源文件。

"链接"选项：用于指定单击图像时要显示的网页文件。

"无"选项：用于指定图像应用 CSS 样式。

"编辑"按钮 ✎：用于启动外部图像编辑器，编辑选中的图像。

"编辑图像设置"按钮 ✿：单击该按钮，会弹出"图像优化"对话框，在对话框中可对图像进行优化设置。

"从源文件更新"按钮 ➰：单击此按钮可以将 Dreamweaver 页面中的图像与原始的 Photoshop 文件同步。

"裁剪"按钮 ✄：用于修剪图像的大小。

"重新取样"按钮 ➰：用于对已调整过大小的图像进行重新取样，以提高图片在新的大小和形状下的品质。

"亮度和对比度"按钮 ◓：用于调整图像的亮度和对比度。

"锐化"按钮 △：用于调整图像的清晰度。

"宽"和"高"选项：分别用于设置图像的宽和高。

"替换"选项：指定文本，在浏览器设置为手动下载图像前，用它来替换图像的显示。在某些浏览器中，当鼠标指针滑过图像时也会显示替代文本。

"标题"选项：用于指定图像的标题。

"地图"和"热点工具"选项：用于设置图像的热点链接。

"目标"选项：用于指定链接页面应该在其中载入的框架或窗口，详细参数可见"第 4 章　超链接"。

"原始"选项：为了节省浏览者浏览网页的时间，可通过此选项指定在载入主图像之前可快速载入的低品质图像。

3.1.4　给图片添加文字说明

当图片不能在浏览器中正常显示时，网页中图片的位置就变成空白区域，如图 3-3 所示。

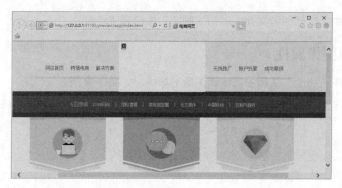

图 3-3

为了让浏览者在不能正常显示图片时也能了解图片的信息，常为网页的图像设置"替换"属性，将图片的说明文字输入"替换"文本框中，如图 3-4 所示。当图片不能正常显示时，网页中的效果如图 3-5 所示。

图 3-4

图 3-5

3.1.5 跟踪图像

在工程设计过程中，一般先在图像处理软件中勾画出工程蓝图，然后在此基础上反复修改，最终得到一幅完美的设计图。制作网页时也应采用工程设计的方法，先在图像处理软件中绘制网页的蓝图，将其添加到网页的背景中，按设计方案对号入座，等网页制作完毕后，再将蓝图删除。Dreamweaver CC 2019 利用"跟踪图像"功能来实现上述网页设计的方式。

设置网页蓝图的具体操作步骤如下。

（1）在图像处理软件中绘制网页的设计蓝图，如图 3-6 所示。

（2）选择"文件 > 新建"命令，新建文档。

（3）选择"文件 > 页面属性"命令，弹出"页面属性"对话框，在"分类"列表中选择"跟踪图像"选项，转换到"跟踪图像"对话框，如图 3-7 所示。

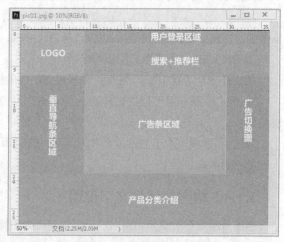

图 3-6

（4）单击"跟踪图像"选项右侧的"浏览"按钮，在弹出的"选择图像源文件"对话框中找到步骤（1）中设计蓝图的保存路径，如图 3-8 所示，单击"确定"按钮，返回到"页面属性"对话框。

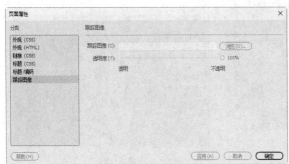
图 3-7

图 3-8

（5）在"跟踪图像"选项中调节"透明度"选项的滑块，使图像呈半透明状态，如图 3-9 所示，单击"确定"按钮完成设置，效果如图 3-10 所示。

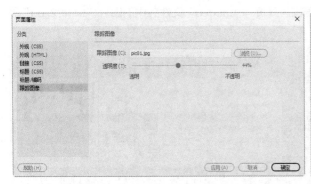
图 3-9

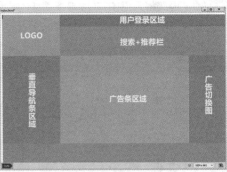
图 3-10

3.1.6 课堂案例——蛋糕店网页

【案例学习目标】使用"Image"按钮为网页插入图像。

【案例知识要点】使用"Image"按钮，插入图像；使用"CSS 样式"命令，控制图像的水平边距，如图 3-11 所示。

【效果所在位置】云盘/Ch03/效果/蛋糕店网页/index.html。

（1）选择"文件 > 打开"命令，在弹出的"打开"对话框中，选择云盘中的"Ch03 > 素材 > 蛋糕店网页 > index. html"文件，单击"打开"按钮打开文件，如图 3-12 所示。将光标置入到图 3-13 所示的单元格中。

图 3-11

图 3-12 　　　　　　　　　　　　　　　　　　　　　　　　　图 3-13

（2）单击"插入"面板"HTML"选项卡中的"Image"按钮 🖼️，在弹出的"选择图像源文件"对话框中，选择云盘中"Ch03 > 素材 > 蛋糕店网页 > images"文件夹中的"img01.jpg"文件，单击"确定"按钮，完成图片的插入，如图 3-14 所示。

（3）再次将云盘中"Ch03 > 素材 > 蛋糕店网页 > images"文件夹中的图片"img02.jpg"插入该单元格中，效果如图 3-15 所示。

图 3-14 　　　　　　　　　　　　　　　　　　　　　　　　　图 3-15

（4）使用相同的方法，将"img03.jpg"图片插入该单元格中，效果如图 3-16 所示。

图 3-16

（5）选择"窗口 > CSS 设计器"命令，弹出"CSS 设计器"面板。单击"源"选项组中的"添加 CSS 源"按钮 ➕，在弹出的列表中选择"在页面中定义"命令，在"源"选项组中添加"<style>"选项，如图 3-17 所示；单击"选择器"选项组中的"添加选择器"按钮 ➕，在"选择器"选项组中的文本框中输入".pic"，按 Enter 键确认文字的输入，效果如图 3-18 所示。

（6）单击"属性"选项组中的"布局"按钮，切换到布局属性。将"margin-left"选项和"margin-right"选项均设为 20 px，如图 3-19 所示。

图 3-17　　　　　　　　　　图 3-18　　　　　　　　　　图 3-19

（7）选中图 3-20 所示的图片，在"属性"面板的"无"下拉列表中选择"pic"选项，应用样式，效果如图 3-21 所示。

图 3-20

图 3-21

（8）保存文档，按 F12 键预览效果，如图 3-22 所示。

图 3-22

3.2　多媒体在网页中的应用

在网页中除了使用文本和图像元素表达信息外，用户还可以向其中插入多媒体，以丰富网页的内容。

3.2.1　插入 Flash 动画

Dreamweaver CC 2019 提供了使用 Flash 对象的功能，虽然 Flash 中使用的文件类型有 Flash 源文件(.fla)、Flash SWF 文件(.swf)、Flash 模板文件(.swt)，但 Dreamweaver CC 2019 只支持 Flash SWF(.swf)文件，因为它是 Flash (.fla) 文件的压缩版本，已进行了优化，便于在 Web 上查看。

在网页中插入 Flash 动画的具体操作步骤如下。

（1）在文档窗口的“设计”视图中，将插入点放置在想要插入影片的位置。

（2）通过以下几种方法启用“Flash”命令。

① 在“插入”面板的“HTML”选项卡中，单击“Flash SWF”按钮 🔳 。

② 选择“插入 > HTML > Flash SWF”命令。

③ 按 Ctrl+Alt+F 组合键。

（3）弹出“选择 SWF”对话框，选择一个后缀为“.swf”的文件，如图 3-23 所示，单击“确定”按钮完成设置。此时，Flash 占位符出现在文档窗口中，如图 3-24 所示。

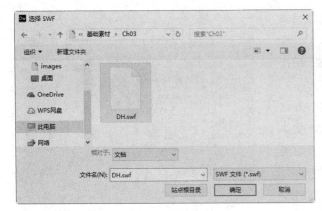 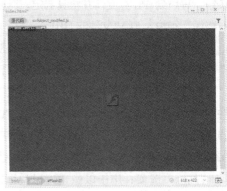

图 3-23 图 3-24

3.2.2　插入 FLV

在网页中可以轻松添加 FLV 视频，而无须使用 Flash 创作工具，但在操作之前必须有一个经过编码的 FLV 文件。使用 Dreamweaver 插入一个显示 FLV 文件的 SWF 组件，当在浏览器中查看时，此组件显示所选的 FLV 文件及一组播放控件。

Dreamweaver 提供了以下选项，用于将 FLV 视频传送给站点访问者。

"累进式下载视频"选项：用于将 FLV 文件下载到站点访问者的硬盘上，然后进行播放。但是，与传统的"下载并播放"视频传送方法不同，累进式下载允许在下载完成之前就开始播放视频文件。

"流视频"选项：用于对视频内容进行流式处理，并在一段可确保流畅播放的很短的缓冲时间后在网页上播放该内容。若要在网页上启用流视频，必须具有访问 Adobe® Flash® Media Server 的权限，必须有一个经过编码的 FLV 文件，然后才能在 Dreamweaver 中使用它。可以插入使用以下两种编解码器（压缩/解压缩技术）创建的视频文件：Sorenson Squeeze 和 On2。

与常规 SWF 文件一样，在插入 FLV 文件时，Dreamweaver 将插入检测用户是否拥有可查看视频的正确 Flash Player 版本的代码。如果用户没有正确的版本，则页面将显示替代内容，提示用户下载最新版本的 Flash Player。

提 示　　若要查看 FLV 文件，用户的计算机上必须安装 Flash Player 8 或更高版本。如果用户没有安装所需的 Flash Player 版本，但安装了 Flash Player 6.0 r65 或更高版本，则浏览器将显示 Flash Player 快速安装程序，而非替代内容。如果用户拒绝快速安装，则页面会显示替代内容。

插入 FLV 对象的具体操作步骤如下。

（1）在文档窗口的"设计"视图中，将插入点放置在想要插入 FLV 的位置。

（2）通过以下几种方法启用"FLV"命令，弹出"插入 FLV"对话框，如图 3-25 所示。

① 在"插入"面板的"HTML"选项卡中，单击"Flash Video"按钮 。

② 选择"插入 > HTML > 媒体 > Flash Video"命令。

设置"累进式下载视频"的选项作用如下。

"URL"选项：用于指定 FLV 文件的相对路径或绝对路径。若要指定相对路径，则单击"浏览"

按钮，导航到 FLV 文件并将其选定。若要指定绝对路径，则输入 FLV 文件的 URL。

"外观"选项：用于指定视频组件的外观。所选外观的预览会显示在"外观"弹出菜单的下方。

"宽度"选项：用于以像素为单位指定 FLV 文件的宽度。若要让 Dreamweaver 确定 FLV 文件的准确宽度，则单击"检测大小"按钮。如果 Dreamweaver 无法确定宽度，则必须输入宽度值。

"高度"选项：用于以像素为单位指定 FLV 文件的高度。若要让 Dreamweaver 确定 FLV 文件的准确高度，则单击"检测大小"按钮。如果 Dreamweaver 无法确定高度，则必须输入高度值。

图 3-25

提示 "包括外观"是 FLV 文件的宽度和高度与所选外观的宽度和高度相加得出的和。

"限制高宽比"复选框：用于保持视频组件的宽度和高度之间的比例不变。默认情况下会选择此选项。

"自动播放"复选框：用于指定在页面打开时是否播放视频。

"自动重新播放"复选框：用于指定播放控件在视频播放完之后是否返回起始位置。

设置流视频选项的作用如下。

"服务器 URI"选项：用于以 rtmp:// example.com/app_name/instance_name 的形式指定服务器名称、应用程序名称和实例名称。

"流名称"选项：用于指定想要播放的 FLV 文件的名称（如 myvideo.flv）。扩展名.flv 是可选的。

"实时视频输入"复选框：用于指定视频内容是否是实时的。如果选择了"实时视频输入"，则 Flash Player 将播放从 Flash® Media Server 流入的实时视频流。实时视频输入的名称是在"流名称"文本框中指定的名称。

提示 如果选择了"实时视频输入"，组件的外观上只会显示音量控件，因为用户无法操纵实时视频。此外，"自动播放"和"自动重新播放"选项也不起作用。

"缓冲时间"选项：用于指定在视频开始播放之前进行缓冲处理所需的时间（以 s 为单位）。默认的缓冲时间设置为 0，这样在单击了"播放"按钮后视频会立即开始播放（如果选择"自动播放"，则在建立与服务器的连接后视频立即开始播放）。如果要发送的视频的比特率高于站点访问者的连接速度，或者 Internet 通信可能会导致带宽或连接问题，则可能需要设置缓冲时间。例如，如果要在网页播放视频之前将 15s 的视频发送到网页，请将缓冲时间设置为 15s。

（3）在对话框中根据需要进行设置。单击"确定"按钮，将 FLV 插入文档窗口中，此时，FLV 占位符出现在文档窗口中，如图 3-26 所示。

3.2.3　插入 Animate 作品

Animate 是 Adobe 最新出品的制作 HTML5 动画的可视化工具，可以简单理解为 HTML5 版本的 Flash Pro。使用该软件，可以在网页中轻而易举地插入视频，而不需要编写烦琐复杂的代码。

在网页中插入 Animate 作品的具体操作步骤如下。

（1）在文档窗口的"设计"视图中，将插入点放置在想要插入 Animate 作品的位置。

（2）通过以下几种方法启用"Animate"命令。

① 在"插入"面板的"HTML"选项卡中，单击"动画合成"按钮 。

② 选择"插入 > HTML > 动画合成"命令。

③ 按 Ctrl+Alt+Shift+E 组合键。

（3）弹出"选择动画合成"对话框，选择一个影片文件，单击"确定"按钮，在文档窗口中插入 Animate 作品。

（4）保存文档，按 F12 键在浏览器中预览效果。

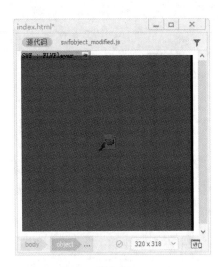

图 3-26

> **提示**
>
> 通过"动画合成"按钮，只能插入后缀为.oam 的文件，该格式是由 Animate 软件发布的 Animate 作品包。

3.2.4　插入 HTML5 Video

Dreamweaver CC 2019 可以在网页中插入 HTML5 视频。HTML5 视频元素提供了一种将电影或视频嵌入网页中的标准方式。

在网页中插入 HTML5 Video 的具体操作步骤如下。

（1）在文档窗口的"设计"视图中，将插入点放置在想要插入视频的位置。

（2）通过以下几种方法启用"HTML5 Video"命令。

① 在"插入"面板的"HTML"选项卡中，单击"HTML5 Video"按钮 ▤。

② 选择"插入 > HTML > HTML5 Video"命令。

③ 按 Ctrl+Shift+Alt+V 组合键。

（3）在页面中插入一个内部带有影片图标的矩形块，如图 3-27 所示。选中该图形，在"属性"面板中，单击"源"选项右侧的"浏览"按钮 🗀，在弹出的"选择视频"对话框中选择视频文件，如图 3-28 所示。单击"确定"按钮，完成视频文件的选择，"属性"面板如图 3-29 所示。

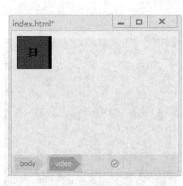

图 3-27   图 3-28

图 3-29

（4）保存文档，按 F12 键预览效果，如图 3-30 所示。

图 3-30

3.2.5　插入音频

1. 插入背景音乐

Html 中提供了背景音乐< bgsound >标签，该标签可以为网页实现背景音乐效果。

在网页中插入背景音乐的具体操作步骤如下。

（1）新建一个空白文档并将其保存。单击"文档"工具栏中的"代码"按钮 代码 ，进入"代码"视图窗口中。将光标置于<body>　</body>标签中。

（2）在光标所在的位置输入"<b"，弹出代码提示菜单，单击"bgsound"选项，如图 3-31 所示，选择背景音乐代码，如图 3-32 所示。

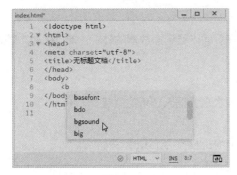

图 3-31

图 3-32

（3）按空格键，弹出代码提示菜单，单击"src"选项，如图 3-33 所示，在弹出的菜单中选择需要的音乐文件，如图 3-34 所示。

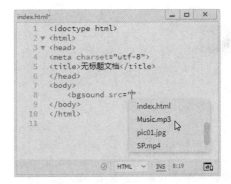

图 3-33　　　　　　　　　　　　　　　　图 3-34

（4）音乐文件选好后，按空格键添加其他属性，如图 3-35 所示。输入">"自动生成结束代码，如图 3-36 所示。

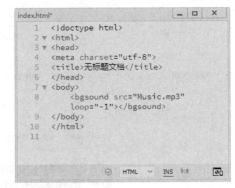

图 3-35　　　　　　　　　　　　　　　　图 3-36

（5）保存文档，按 F12 键在浏览器中预听背景音乐效果。

提示

在网页中使用的声音主要有.mid、.wav、.aif、.mp3 等格式。

2. 插入音乐

插入音乐和背景音乐的效果不同，插入音乐可以在页面中看到播放器的外观，如"播放""暂停""定位"和"音量"等按钮。

在网页中插入音乐的具体操作步骤如下。

（1）在文档窗口的"设计"视图中，将插入点放置在想要插入音乐的位置。

（2）通过以下几种方法插入音乐。

① 在"插入"面板的"HTML"选项卡中，单击"HTML5 Audio"按钮 ◀ 。

② 选择"插入 > HTML > HTML5 Audio"命令。

（3）在页面中插入一个内部带有小喇叭形的矩形块，如图 3-37 所示。选中该图形，在"属性"面板中，单击"源"选项右侧的"浏览"按钮 ，在弹出的"选择音频"对话框中选择音频文件，如图 3-38 所示。单击"确定"按钮，完成音频文件的选择，"属性"面板如图 3-39 所示。

图 3-37

图 3-38

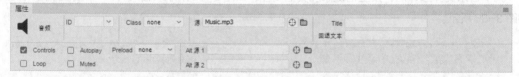

图 3-39

（4）保存文档，按 F12 键预览效果，如图 3-40 所示。

图 3-40

3. 嵌入音乐

上面我们介绍了背景音乐及插入音乐，下面我们来讲解一下嵌入音乐。嵌入音乐和插入音乐相同，只不过嵌入音乐播放器的外观要比插入音乐播放器的外观多几个按钮。

在网页中嵌入音乐的具体操作步骤如下。

（1）在文档窗口的"设计"视图中，将插入点放置在想要嵌入音乐的位置。

（2）通过以下几种方法嵌入音乐。

① 在"插入"面板的"HTML"选项卡中，单击"插件"按钮 ✸ 。

② 选择"插入 > HTML > 插件"命令。

（3）在弹出的"选择文件"对话框中选择音频文件，如图 3-41 所示，单击"确定"按钮，在文档窗口中会出现一个内部带有雪花的矩形图标，如图 3-42 所示。保存图标的选取状态，在"属性"面板中进行设置，如图 3-43 所示。

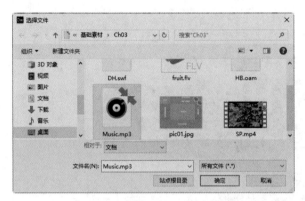

图 3-41   图 3-42

图 3-43

（4）保存文档，按 F12 键预览效果，如图 3-44 所示。

图 3-44

3.2.6　插入插件

利用"插件"按钮，可以在网页中插入 .aiv、.mpg、.mov、.mp4 等格式的视频文件，还可以插入音频文件。

在网页中插入插件的具体操作步骤如下。

（1）在文档窗口的"设计"视图中，将插入点放置在想要插入插件的位置。

（2）通过以下几种方法弹出"插件"命令，插入插件。

① 在"插入"面板的"HTML"选项卡中，单击"插件"按钮 ❖。

② 选择"插入 > HTML > 插件"命令。

3.2.7　课堂案例——物流运输网页

【案例学习目标】使用"插入"面板添加动画，使网页变得生动有趣。

【案例知识要点】使用"Flash SWE"按钮，为网页文档插入 Flash 动画效果；使用"属性"面板，设置动画背景透明，如图 3-45 所示。

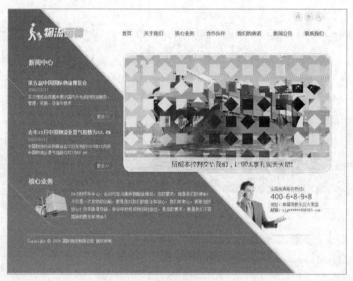

图 3-45

【效果所在位置】云盘/Ch03/效果/物流运输网页/index.html。

（1）选择"文件 > 打开"命令，在弹出的"打开"对话框中，选择云盘中的"Ch03 > 素材 > 物流运输网页 > index.html"文件，单击"打开"按钮打开文件，如图 3-46 所示。将光标置入图 3-47 所示的单元格中。

图 3-46

图 3-47

（2）单击"插入"面板"HTML"选项卡中的"Flash SWF"按钮 🖼，在弹出"选择 SWF"对话框中，选择云盘中的"Ch03 > 素材 > 物流运输网页 > images > DH.swf"文件，如图 3-48 所示。单击"确定"按钮，弹出"对象标签辅助功能属性"对话框，如图 3-49 所示，这里不需要设置，直接单击"确定"按钮，完成动画的插入。

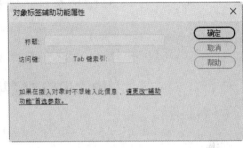

图 3-48   图 3-49

（3）保持动画的选取状态，在"属性"面板的"Wmode（M）"下拉列表中选择"透明"选项，如图 3-50 所示。保存文档，按 F12 键预览效果，如图 3-51 所示。

图 3-50   图 3-51

课堂练习——咖啡馆网页

【练习知识要点】使用"Image"按钮，插入图像，如图 3-52 所示。

【效果所在位置】云盘/Ch03/效果/咖啡馆网页/index.html。

图 3-52

课后习题——五谷杂粮网页

【习题知识要点】使用 "Flash SWF" 按钮，插入 Flash 动画效果，如图 3-53 所示。

【效果所在位置】云盘/Ch03/效果/五谷杂粮网页/index.html。

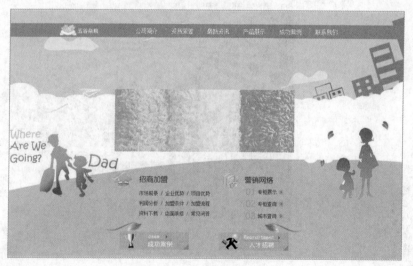

图 3-53

04

第 4 章
超 链 接

本章主要讲解超链接的概念和使用方法，包括文本超链接、图像超链接、电子邮件超链接和鼠标经过图像超链接等内容。通过这些内容的学习，学生可以熟练掌握网站链接的设置与使用方法，并精心编织网站的链接，为网站访问者能够尽情地邀游在网站之中提供必要的条件。

课堂学习目标

- ✔ 掌握设置文本超链接的方法和技巧
- ✔ 掌握设置电子邮件超链接的方法和技巧
- ✔ 掌握设置图像超链接的方法和技巧
- ✔ 掌握设置鼠标经过图像超链接的方法和技巧

4.1 文本超链接

浏览网页的过程中，鼠标指针经过某些文字时，其形状会发生变化，同时文本也会发生相应的变化（出现下划线、文本的颜色发生变化、字体发生变化等），提示浏览者这是带链接的文本。此时，单击鼠标，会打开所链接的网页，这就是文本超链接。

4.1.1 创建文本超链接

创建文本超链接的方法非常简单，主要是在链接文本的"属性"面板中指定链接文件。指定链接文件的方法有以下 3 种。

1. 直接输入要链接文件的路径和文件名

在文档窗口中选中作为链接对象的文本，选择"窗口 > 属性"命令，弹出"属性"面板。在"链接"选项的文本框中直接输入要链接文件的路径和文件名，如图 4-1 所示。

图 4-1

提 示　要链接到本地站点中的一个文件，应直接输入文档相对路径或站点根目录相对路径；要链接到本地站点以外的文件，应直接输入其绝对路径。

2. 使用"浏览文件"按钮

在文档窗口中选中作为链接对象的文本，在"属性"面板中单击"链接"选项右侧的"浏览文件"按钮 🗀，弹出"选择文件"对话框。选择要链接的文件，在"相对于"选项的下拉列表中选择"文档"选项，如图 4-2 所示，单击"确定"按钮。

图 4-2

3. 使用指向文件图标

使用"指向文件"图标 ⊕，可以快捷地指定站点窗口内的链接文件，或指定另一个打开文件中命名锚点的链接。

在文档窗口中选中作为链接对象的文本，在"属性"面板中，拖曳"指向文件"图标 ⊕ 指向右侧站点窗口内的文件即可建立链接。当完成链接文件后，"属性"面板中的"目标"选项变为可用，其下拉列表中各选项的作用如下。

"_blank"选项：用于将链接文件加载到未命名的新浏览器窗口中。

"new"选项：用于将链接文件加载到名为"链接文件名称"的浏览器窗口中。

"_parent"选项：用于将链接文件加载到包含该链接的父框架集或窗口中。如果包含链接的框架不是嵌套的，则链接文件加载到整个浏览器窗口中。

"_self"选项：用于将链接文件加载到链接所在的同一框架或窗口中。此目标是默认的，因此通常不需要指定它。

"_top"选项：用于将链接文件加载到整个浏览器窗口中，并由此删除所有框架。

4.1.2　文本链接的状态

一个未被访问过的链接文字与一个被访问过的链接文字在形式上是有所区别的，以提示浏览者链接文字所指示的网页是否被看过。设置文本链接状态的具体操作步骤如下。

（1）选择"文件 > 页面属性"命令，弹出"页面属性"对话框，如图 4-3 所示。

（2）在对话框中设置文本的链接状态。在左侧的"分类"列表中选择"链接"选项，单击"链接颜色"选项右侧的图标，在弹出的拾色器对话框中，选择一种颜色，来设置链接文字的颜色。

单击"变换图像链接"选项右侧的图标，在弹出的拾色器对话框中，选择一种颜色，来设置鼠标经过链接时的文字颜色。

单击"已访问链接"选项右侧的图标，在弹出的拾色器对话框中，选择一种颜色，来设置访问过的链接文字的颜色。

单击"活动链接"选项右侧的图标，在弹出的拾色器对话框中，选择一种颜色，来设置活动的链接文字的颜色。

在"下划线样式"选项的下拉列表中设置链接文字是否加下划线，如图 4-4 所示。

图 4-3　　　　　　　　　　　　　　　　　图 4-4

4.1.3　电子邮件超链接

每当浏览者单击包含电子邮件超链接的网页对象时，就会打开邮件处理工具（如微软的 Outlook Express），并且自动将收信人地址设为网站建设者的邮箱地址，方便浏览者给网站发送反馈信息。

1. 利用"属性"面板建立电子邮件超链接

（1）在文档窗口中选择对象，一般是文字，如"联系我们"。

（2）在"链接"选项的文本框中输入"mailto:"和地址。例如，网站管理者的 E-mail 地址是 xjg_peng@163.com，则在"链接"选项的文本框中输入"mailto:xjg_peng@163.com"，如图 4-5 所示。

图 4-5

2. 利用"电子邮件链接"对话框建立电子邮件超链接

（1）在文档窗口中选择需要添加电子邮件超链接的网页对象。

（2）通过以下几种方法打开"电子邮件链接"对话框。

① 选择"插入 > HTML > 电子邮件链接"命令。

② 单击"插入"面板"HTML"选项卡中的"电子邮件链接"按钮 ✉ 。

在"文本"选项的文本框中输入要在网页中显示的链接文字，并在"电子邮件"选项的文本框中输入完整的邮箱地址，如图 4-6 所示。

（3）单击"确定"按钮，完成电子邮件超链接的创建。

图 4-6

4.1.4 课堂案例——创意设计网页

【案例学习目标】使用页面属性修改链接的状态。

【案例知识要点】使用"电子邮件链接"按钮，制作电子邮件链接效果；使用"属性"面板，为文字制作下载链接效果；使用"页面属性"命令，改变链接的显示效果，如图 4-7 所示。

【效果所在位置】云盘/Ch04/效果/创意设计网页/index.html。

1. 制作电子邮件超链接

（1）选择"文件 > 打开"命令，在弹出的"打开"对话框中，选择云盘中的"Ch04 > 素材 > 创意设计网页 > index.html"文件，单击"打开"按钮打开文件，如图 4-8 所示。选中文字"xjg_peng@163.com"，如图 4-9 所示。

图 4-7

图 4-8

图 4-9

（2）单击"插入"面板"HTML"选项卡中的"电子邮件链接"按钮 ✉ ，在弹出的"电子邮件链接"对话框中进行设置，如图 4-10 所示。单击"确定"按钮，文字的下方出现下划线，如图 4-11 所示。

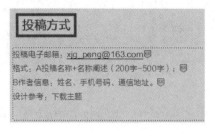

| 图 4-10 | 图 4-11 |

（3）选择"文件 > 页面属性"命令，弹出"页面属性"对话框，在左侧的"分类"列表框中选择"链接"选项，将"链接颜色"选项设为红色（#FF0000），"交换图像链接"选项设为白色（#FFFFFF），"已访问链接"选项设为红色（#FF0000），"活动链接"选项设为白色（#FFFFFF），在"下划线样式"选项的下拉列表中选择"始终有下划线"，如图 4-12 所示。单击"确定"按钮，文字效果如图 4-13 所示。

| 图 4-12 | 图 4-13 |

2. 制作下载文件链接

（1）选中文字"下载主题"，如图 4-14 所示。在"属性"面板中，单击"链接"选项右侧的"浏览文件"按钮，弹出"选择文件"对话框，选择云盘中的"Ch04 > 素材 > 创意设计网页 > images"文件夹中的"tpl.zip"文件，如图 4-15 所示。单击"确定"按钮，将"tpl.zip"文件链接到文本框中，在"目标"选项的下拉列表中选择"_blank"选项，如图 4-16 所示。

| 图 4-14 | 图 4-15 |

图 4-16

（2）保存文档，按 F12 键预览效果。单击插入的 E-mail 链接"xjg_peng@163.com"，效果如图 4-17 所示。单击"下载主题"，将弹出提示条，在提示条中可以根据提示进行操作，如图 4-18 所示。

图 4-17

图 4-18

4.2 图像超链接

给图像添加链接，使其指向其他网页或者文档，这就是图像超链接。

4.2.1 图像超链接

建立图像超链接的操作步骤如下。

（1）在文档窗口中选择图像。

（2）在"属性"面板中，单击"链接"选项右侧的"浏览文件"按钮 📁，为图像添加文档相对路径的链接。

（3）在"替换"选项中可输入替换文字。设置替换文字后，当图片不能下载时，会在图片的位置上显示替换文字；当浏览者将鼠标指针指向图像时也会显示替换文字。

（4）按 F12 键预览网页的效果。

提示　　图像超链接不像文本超链接那样，会发生许多提示性的变化，只有当鼠标指针经过图像时指针才呈现手形。

4.2.2 "鼠标经过图像"超链接

"鼠标经过图像"是一种常用的互动技术，当鼠标指针经过图像时，图像会随之发生变化。一般来说，"鼠标经过图像"效果由两张大小相等的图像组成，一张称为主图像，另一张称为次图像。主图像是首次载入网页时显示的图像，次图像是当鼠标指针经过时更换的另一张图像。"鼠标经过图像"经常应用于网页中的按钮上。

建立"鼠标经过图像"的具体操作步骤如下。

（1）在文档窗口中将光标放置在需要添加图像的位置。

（2）通过以下几种方法打开"插入鼠标经过图像"对话框，如图 4-19 所示。

图 4-19

① 选择"插入 > HTML > 鼠标经过图像"命令。

② 在"插入"面板"HTML"选项卡中，单击"鼠标经过图像"按钮 ⬚。

（3）在对话框中按照需要设置选项，然后单击"确定"按钮完成设置。按 F12 键预览网页。

4.2.3　课堂案例——狮立地板网页

【案例学习目标】使用"鼠标经过图像"按钮制作导航条效果。

【案例知识要点】使用"鼠标经过图像"按钮，制作导航条效果，如图 4-20 所示。

【效果所在位置】云盘/Ch04/效果/狮立地板网页/ index.html。

（1）选择"文件 > 打开"命令，在弹出的"打开"对话框中，选择云盘中的"Ch04 > 素材 > 狮立地板网页 > index.html"文件，单击"打开"按

图 4-20

钮打开文件，如图 4-21 所示。将光标置入图 4-22 所示的单元格中。

图 4-21

图 4-22

（2）单击"插入"面板"HTML"选项卡中的"鼠标经过图像"按钮 ⬚，弹出"插入鼠标经过图像"对话框，如图 4-23 所示。单击"原始图像"选项右侧的"浏览"按钮，弹出"原始图像"对话框，选择云盘中的"Ch04 > 素材 > 狮立地板网页 > images > img_a.png"文件，单击"确定"

按钮，返回"插入鼠标经过图像"对话框，如图4-24所示。单击"鼠标经过图像"选项右侧的"浏览"按钮，弹出"鼠标经过图像"对话框，选择云盘中的"Ch04 > 素材 > 狮立地板网页 > img_a1.png"文件，单击"确定"按钮，返回"插入鼠标经过图像"对话框，如图4-25所示。单击"确定"按钮，文档效果如图4-26所示。

图4-23　　　　　　　　　　　　　　　　　　图4-24

图4-25　　　　　　　　　　　　　　　　　　图4-26

（3）用相同的方法为其他单元格插入图像，制作出图4-27所示的效果。

图4-27

（4）保存文档，按F12键预览效果，如图4-28所示。当将鼠标指针移到图像上时，图像发生变化，效果如图4-29所示。

图4-28　　　　　　　　　　　　　　　　　　图4-29

课堂练习——建筑规划网页

【练习知识要点】使用"热点"按钮，为图像添加热点图像；使用"属性"面板，为热点创建超链接，如图 4-30 所示。

图 4-30

【效果所在位置】云盘/Ch04/效果/建筑规划网页/index.html。

课后习题——摩托车改装网页

【习题知识要点】使用"电子邮件链接"命令，制作电子邮件链接效果；使用"浏览文件"链接按钮，为文字制作下载文件链接效果，如图 4-31 所示。

图 4-31

【效果所在位置】云盘/Ch04/效果/摩托车改装网页/index.html。

第 5 章
表　格

在制作网页时，表格的作用不仅是列举数据，更多地是用在网页定位上。很多网页都是以表格布局的，这是因为表格在内容的组织、页面中文本和图形的位置控制方面都有很强的功能。本章主要讲解表格的操作方法和制作技巧。通过这些内容的学习，学生可以熟练地掌握数据表格的编辑方法及如何应用表格对页面进行合理的布局。

课堂学习目标

- ✔ 掌握插入表格的方法
- ✔ 掌握设置表格的方法和技巧
- ✔ 掌握在表格内添加元素的方法
- ✔ 掌握网页中数据表格的编辑方法

5.1　表格的简单操作

表格是页面布局极为有用的工具。在设计页面时，往往利用表格定位页面元素。Dreamweaver CC 2019 为网页制作提供了强大的表格处理功能。

5.1.1　插入表格

要将相关数据有序地组织在一起，必须先插入表格，然后才能有效地组织数据。

插入表格的具体操作步骤如下。

（1）在"文档"窗口中，将插入点放到合适的位置。

（2）通过以下几种方法弹出"Table"对话框，如图 5-1 所示。

① 选择"插入 > Table"命令。

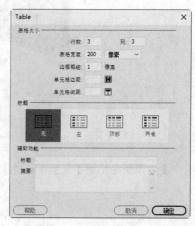

图 5-1

② 单击"插入"面板"HTML"选项卡中的"Table"按钮 ▦ 。

③ 按 Ctrl+Alt+T 组合键。

对话框中各选项的作用如下。

"行数"选项：用于设置表格的行数。

"列"选项：用于设置表格的列数。

"表格宽度"选项：用于以像素为单位或以浏览器窗口宽度的百分比设置表格的宽度。

"边框粗细"选项：用于以像素为单位设置表格边框的宽度。对于大多数浏览器来说，此选项值设置为 1。如果用表格进行页面布局时将此选项值设置为 0，浏览网页时就不显示表格的边框。

"单元格边距"选项：用于设置单元格边框与单元格内容之间的像素数。对于大多数浏览器来说，此选项的值设置为 1。如果用表格进行页面布局时将此选项值设置为 0，浏览网页时单元格边框与内容之间将没有间距。

"单元格间距"选项：用于设置相邻的单元格之间的像素数。对于大多数浏览器来说，此选项的值设置为 2。如果用表格进行页面布局时将此选项值设置为 0，浏览网页时单元格之间将没有间距。

"标题"选项：用于设置表格标题，它显示在表格的外面。

"摘要"选项：用于设置对表格的说明，但是该文本不会显示在用户的浏览器中，仅在源代码中显示，可提高源代码的可读性。

（3）根据需要选择新建表格的大小、行列数值等，单击"确定"按钮完成新建表格的设置。

5.1.2　设置表格属性

插入表格后，通过选择不同的表格对象，可以在"属性"面板中看到它们的各项参数，修改这些参数可以得到不同风格的表格。

1. 表格的属性

表格的"属性"面板如图 5-2 所示，其各选项的作用如下。

图 5-2

"表格"选项：用于标志表格。

"行"和"列"选项：用于设置表格中行和列的数目。

"宽"选项：用于以像素为单位或以浏览器窗口宽度的百分比来设置表格的宽度。

"CellPad（单元格边距）"选项：用于设置单元格内容和单元格边框之间的像素数。对于大多数浏览器来说，此选项的值设为 1。如果用表格进行页面布局时将此参数设置为 0，浏览网页时单元格边框与内容之间将没有间距。

"CellSpace（单元格间距）"选项：用于设置相邻单元格之间的像素数。对于大多数浏览器来说，此选项的值设为 2。如果用表格进行页面布局时将此参数设置为 0，浏览网页时单元格之间将没有间距。

"Align（对齐）"选项：用于设置表格在页面中相对于同一段落其他元素的显示位置。

"Border（边框）"选项：用于设置以像素为单位设置表格边框的宽度。

"Class（类）"选项：用于设置表格的样式。

"清除列宽"按钮和"清除行高"按钮：用于从表格中删除所有明确指定的列宽或行高的数值。

"将表格宽度转换成像素"按钮：用于将表格每列宽度的单位转换成像素，还可将表格宽度的单位转换成像素。

"将表格宽度转换成百分比"按钮：用于将表格每列宽度的单位转换成百分比，还可将表格宽度的单位转换成百分比。

> **提示**
> 如果没有明确指定单元格间距和单元格边距的值，则大多数浏览器按单元格边距设置为 1、单元格间距设置为 2 显示表格。

2. 单元格和行或列的属性

单元格和行或列的"属性"面板如图 5-3 所示，其各选项的作用如下。

图 5-3

"合并所选单元格，使用跨度"按钮：用于将选定的多个单元格、选定的行或列的单元格合并成一个单元格。

"拆分单元格为行或列"按钮：用于将选定的一个单元格拆分成多个单元格。一次只能对一个单元格进行拆分，若选择多个单元格，此按钮禁用。

"水平"选项：用于设置行或列中内容的水平对齐方式，包括"默认""左对齐""居中对齐""右对齐" 4 个选项值。一般标题行的所有单元格设置为居中对齐方式。

"垂直"选项：用于设置行或列中内容的垂直对齐方式，包括"默认""顶端""居中""底部""基线" 5 个选项值，一般采用居中对齐方式。

"宽"和"高"选项：用于以像素为单位或以浏览器窗口宽度的百分比来设置表格的宽度和高度。

"不换行"选项：用于设置单元格文本是否换行。如果启用"不换行"选项，当输入的数据超出单元格的宽度时，会自动增加单元格的宽度来容纳数据。

"标题"选项：用于设置是否将行或列的每个单元格的格式设置为表格标题单元格的格式。

"背景颜色"选项：用于设置单元格的背景颜色。

5.1.3　在表格内添加元素

建立表格后，可以在表格中添加各种网页元素，如文本、图像、表格等。

1. 输入文字

在单元格中输入文字，有以下几种方法。

① 单击任意一个单元格并直接输入文本，此时单元格会随文本的输入自动扩展。

② 粘贴从其他文字编辑软件中复制的带有格式的文本。

2. 插入其他网页元素

（1）嵌套表格。将插入点放到一个单元格内并插入表格，即可实现嵌套表格。

（2）插入图像。在表格中插入图像有以下几种方法。

① 将插入点放到一个单元格中，单击"插入"面板"HTML"选项卡中的"Image"按钮 。

② 将插入点放到一个单元格中，选择"插入 > Image"命令。

③ 将插入点放到一个单元格中，将"插入"面板"HTML"选项卡中的"Image"按钮 拖曳到单元格内。

从资源管理器、站点资源管理器或桌面上直接将图像文件拖曳到一个需要插入图像的单元格内。

5.1.4 课堂案例——租车网页

【案例学习目标】使用表格布局网页。

【案例知识要点】使用"Table"按钮，插入表格进行页面布局；使用"Image"按钮，插入图像，如图 5-4 所示。

图 5-4

【效果所在位置】云盘/Ch05/效果/租车网页/index.html。

（1）启动 Dreamweaver CC 2019，新建一个空白文档。新建页面的初始名称是"Untitled-1.html"。选择"文件 > 保存"命令，弹出"另存为"对话框，在"保存在"选项的下拉列表中选择站点目录保存路径，在"文件名"选项的文本框中输入"index"，单击"保存"按钮，返回到编辑窗口。

（2）选择"文件 > 页面属性"命令，在弹出的"页面属性"对话框左侧的"分类"列表框中选择"外观"选项，将"大小"选项设为 14，"文本颜色"选项设为白色，"左边距""右边距""上边距"和"下边距"选项均设为 0，如图 5-5 所示。

（3）在"分类"列表框中选择"标题/编码"选项，在"标题"选项的文本框中输入"租车网页"，如图 5-6 所示，单击"确定"按钮，完成页面属性的修改。

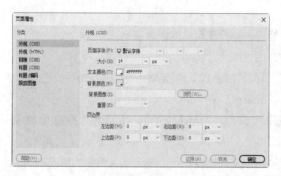

图 5-5   图 5-6

（4）单击"插入"面板"HTML"选项卡中的"Table"按钮 ▦ ，在弹出的"Table"对话框中进行设置，如图 5-7 所示，单击"确定"按钮，完成表格的插入。保持表格的选取状态，在"属性"面板"Align"选项的下拉列表中选择"居中对齐"选项，效果如图 5-8 所示。

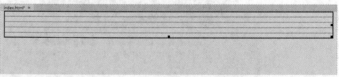

图 5-7   图 5-8

（5）选择"窗口 > CSS 设计器"命令，弹出"CSS 设计器"面板，如图 5-9 所示。单击"选择器"选项组中的"添加选择器"按钮 ➕ ，在"选择器"选项组中出现文本框，输入名称".bj"，按 Enter 键确认输入，如图 5-10 所示；在"属性"选项组中单击"背景"按钮 ▨ ，切换到背景属性，单击"url"选项右侧的"浏览"按钮 ▭ ，在弹出的"选择图像源文件"对话框中，选择云盘中的"Ch05 > 素材 > 租车网页 > images > bj.jpg"文件，单击"确定"按钮，返回到"CSS 设计器"面板，单击"background-repeat"选项右侧的"repeat-x"按钮 ▦ ，如图 5-11 所示。

（6）将光标置入第 1 行单元格中，在"属性"面板"水平"选项的下拉列表中选择"居中对齐"选项，"类"选项的下拉列表中选择"bj"选项，将"高"选项设为 40。在该单元格中插入一个 1 行 2 列、宽为 800 像素的表格，如图 5-12 所示。

图 5-9

图 5-10

图 5-11

图 5-12

（7）将光标置入刚插入表格的第 1 列单元格中，单击"插入"面板"HTML"选项卡中的"Image"按钮 ，在弹出的"选择图像源文件"对话框中，选择云盘"Ch05 > 素材 > 租车网页 > images"文件夹中的"logo.png"文件，单击"确定"按钮，完成图片的插入，如图 5-13 所示。

图 5-13

（8）将光标置入第 2 列单元格中，在"属性"面板"水平"选项的下拉列表中选择"右对齐"选项，在该单元格中输入文字，如图 5-14 所示。

图 5-14

（9）将光标置入主体表格的第 2 行单元格中，单击"插入"面板"HTML"选项卡中的"Image"按钮 ，在弹出的"选择图像源文件"对话框中，选择云盘"Ch05 > 素材 > 租车网页 > images"文件夹中的"pic_01.jpg"文件，单击"确定"按钮，完成图片的插入，如图 5-15 所示。

图 5-15

（10）将光标置入主体表格的第 3 行单元格中，单击"插入"面板"HTML"选项卡中的"Image"按钮 📷，在弹出的"选择图像源文件"对话框中，选择云盘"Ch05 > 素材 > 租车网页 > images"文件夹中的"pic_02.jpg"文件，单击"确定"按钮，完成图片的插入，如图 5-16 所示。

图 5-16

（11）将光标置入主体表格的第 4 行单元格中，在"属性"面板"水平"选项的下拉列表中选择"居中对齐"选项，将"高"选项设为 220，"背景颜色"选项设为蓝色（#4489CF）。单击"插入"面板"HTML"选项卡中的"Image"按钮 📷，在弹出的"选择图像源文件"对话框中，选择云盘"Ch05 > 素材 > 租车网页 > images"文件夹中的"pic_03.png"文件，单击"确定"按钮，完成图片的插入，如图 5-17 所示。

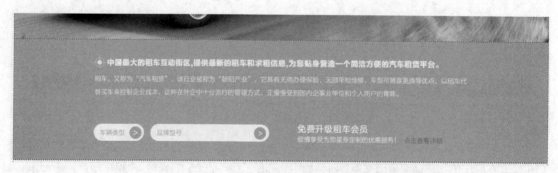

图 5-17

（12）在"CSS 设计器"面板中，单击"选择器"选项组中的"添加选择器"按钮 ➕，在"选择器"选项组中出现文本框，输入名称".text"，按 Enter 键确认输入，如图 5-18 所示；在"属性"选项组中单击"文本"按钮 🅣，切换到文本属性，将"color"选项设为灰色（#535353），如图 5-19 所示。

图 5-18　　　　　　　　　　　图 5-19

（13）将光标置入主体表格的第 5 行单元格中，在"属性"面板"水平"选项的下拉列表中选择"居中对齐"选项，"类"选项的下拉列表中选择"text"选项，将"高"选项设为 66，"背景颜色"选项设为淡灰色（#e0DFDF），在该单元格中输入文字，效果如图 5-20 所示。

图 5-20

（14）保存文档，按 F12 键预览效果，如图 5-21 所示。

图 5-21

5.2 网页中的数据表格

若将一个网页的表格导入其他网页或 Word 文档中，需先将网页内的表格数据导出，然后将其导入其他网页中或切换并导入 Word 文档中。

5.2.1 导出和导入表格的数据

1. 将网页内的表格数据导出

选择"文件 > 导出 > 表格"命令，弹出图 5-22 所示的"导出表格"对话框，根据需要设置参数，单击"导出"按钮，弹出"表格导出为"对话框，输入保存导出数据的文件名称，单击"保存"按钮完成设置。

"导出表格"对话框中各选项的作用如下。

"定界符"选项：用来设置导出文件所使用的分隔符。

"换行符"选项：用来设置打开导出文件的操作系统。

图 5-22

2. 在其他网页中导入表格数据

首先要打开"导入表格式数据"对话框，如图 5-23 所示。然后根据需要进行选项设置，最后单击"确定"按钮完成设置。

要打开"导入表格式数据"对话框，可以选择"文件 > 导入 > 表格式数据"命令。

"导入表格式数据"对话框中各选项的作用如下。

"数据文件"选项：单击"浏览…"按钮选择要导入的文件。

"定界符"选项：用来设置正在导入的表格文件所使用的分隔符。它包括"Tab""逗点"等选项。如果选择"其他"选项，可在选项右侧的文本框中输入导入文件使用的分隔符，如图 5-24 所示。

"表格宽度"选项组：用来设置将要创建的表格宽度。

"单元格边距"选项：用来以像素为单位设置单元格内容与单元格边框之间的距离。

"单元格间距"选项：用来以像素为单位设置相邻单元格之间的距离。

"格式化首行"选项：用来设置应用于表格首行的格式，从下拉列表中的"[无格式]""粗体""斜体"和"加粗斜体"选项中选择。

"边框"选项：用来设置表格边框的宽度。

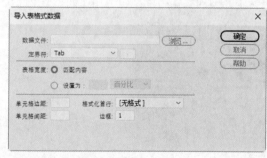

图 5-23

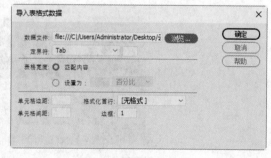

图 5-24

5.2.2 排序表格

日常工作中，常常需要对无序的表格内容进行排序，以便浏览者可以快速找到所需的数据。表格排序功能可以为网站设计者解决这一难题。

将插入点放到要排序的表格中，然后选择"编辑 > 表格 > 排序表格"命令，弹出"排序表格"对话框，如图 5-25 所示。根据需要设置相应的选项，单击"应用"或"确定"按钮完成设置。

"排序表格"对话框中各选项的作用如下。

"排序按"选项：用来设置表格按哪列的值进行排序。

"顺序"选项：用来设置是按字母还是按数字顺序及是以
升序（从 A 到 Z 或从小数字到大数字）还是降序对列进行排
序。当列的内容是数字时，选择"按数字顺序"。如果按字母
顺序对一组由一位或两位数字组成的数进行排序，则会将这
些数字作为单词按照从左到右的方式进行排序，而不是按数
字大小进行排序。如 1、2、3、10、20、30，若按字母排序，
则结果为 1、10、2、20、3、30；若按数字排序，则结果为 1、2、3、10、20、30。

图 5-25

"再按"和"顺序"选项：用来设置按第一种排序方法排序后，当排序的列中出现相同的结果时按
第二种排序方法排序。可以在这两个选项中设置第二种排序方法，设置方法与第一种排序方法相同。

"选项"选项组：用来设置是否将标题行、脚注行等一起进行排序。

"排序包含第一行"选项：用来设置表格的第一行是否应该排序。如果第一行是不应移动的标题，
则不选择此选项。

"排序标题行"选项：用来设置是否对标题行进行排序。

"排序脚注行"选项：用来设置是否对脚注行进行排序。

"完成排序后所有行颜色保持不变"选项：用来设置排序的结果是否保持原行的颜色值。如果表
格行使用两种交替的颜色，则不要选择此选项以确保排序后的表格仍具有颜色交替的行。如果行属性
特定于每行的内容，则选择此选项以确保这些属性保持与排序后表格中正确的行关联在一起。

按图 5-25 所示进行设置，表格内容排序后的效果如图 5-26 所示。

姓名	语文	数学	英语
张飞	80	90	100
王攀	85	93	92
薛鹏	90	90	60

原表格

姓名	语文	数学	英语
王攀	85	93	92
薛鹏	90	90	60
张飞	80	90	100

排序后的表格

图 5-26

5.2.3 课堂案例——典藏博物馆网页

【案例学习目标】使用"表格式数据"命令导入外
部表格数据。

【案例知识要点】使用"表格式数据"命令，导入
外部表格数据；使用"属性"面板改变表格的宽度、高
度和背景颜色，如图 5-27 所示。

【效果所在位置】云盘/Ch05/效果/典藏博物馆网
页/index.html。

1. 导入表格式数据

（1）选择"文件 > 打开"命令，在弹出的"打开"
对话框中，选择云盘中的"Ch05 > 素材 > 典藏博物

图 5-27

馆网页 > index.html"文件，单击"打开"按钮打开文件，如图 5-28 所示。将光标放置在要导入表格数据的位置，如图 5-29 所示。

图 5-28   图 5-29

（2）选择"文件 > 导入 > 表格式数据"命令，弹出"导入表格式数据"对话框，在对话框中单击"数据文件"选项右侧的"浏览"按钮，弹出"打开"对话框，在云盘中的"Ch05 > 素材 > 典藏博物馆网页 > images"文件夹中选择文件"sj.txt"。单击"确定"按钮，返回到对话框中，其他选项的设置如图 5-30 所示。单击"确定"按钮，导入表格式数据，效果如图 5-31 所示。

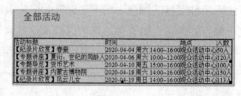

图 5-30   图 5-31

（3）保持表格的选取状态，在"属性"面板中，将"宽"选项设为 100，在右侧的选项列表中选择"%"选项，效果如图 5-32 所示。

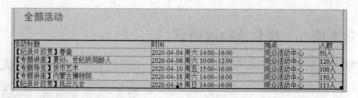

图 5-32

（4）将第 1 列单元格全部选中，如图 5-33 所示。在"属性"面板中，将"宽"选项设为 300，"高"选项设为 30，效果如图 5-34 所示。

图 5-33

全部活动			
活动标题	时间	地点	人数
【纪录片欣赏】春蚕	2020-04-04 周六 14:00~16:00	观众活动中心	50人
【专题讲座】夏衍：世纪的同龄人	2020-04-06 周六 10:00~12:00	观众活动中心	120人
【专题导览】货币艺术	2020-04-10 周五 15:00~16:00	观众活动中心	100人
【专题讲座】内蒙古博物院	2020-04-18 周六 14:00~16:00	观众活动中心	150人
【纪录片欣赏】风云儿女	2020-04-19 周日 14:00~16:00	观众活动中心	113人

图 5-34

（5）选中第 2 列所有单元格，在"属性"面板"水平"选项的下拉列表中选择"居中对齐"选项，将"宽"设为 240。分别选中第 3 列和第 4 列所有单元格，在"属性"面板"水平"选项的下拉列表中选择"居中对齐"选项，将"宽"设为 150，效果如图 5-35 所示。

全部活动			
活动标题	时间	地点	人数
【纪录片欣赏】春蚕	2020-04-04 周六 14:00~16:00	观众活动中心	50人
【专题讲座】夏衍：世纪的同龄人	2020-04-06 周六 10:00~12:00	观众活动中心	120人
【专题导览】货币艺术	2020-04-10 周五 15:00~16:00	观众活动中心	100人
【专题讲座】内蒙古博物院	2020-04-18 周六 14:00~16:00	观众活动中心	150人
【纪录片欣赏】风云儿女	2020-04-19 周日 14:00~16:00	观众活动中心	113人

图 5-35

（6）选择"窗口 > CSS 设计器"命令，弹出"CSS 设计器"面板。单击"源"选项组中的"添加 CSS 源"按钮➕，在弹出的列表中选择"在页面中定义"选项，单击"选择器"选项组中的"添加选择器"按钮➕，在"选择器"选项组中的文本框中输入".bt"，按 Enter 键确认文字的输入，效果如图 5-36 所示。在"属性"选项组中单击"文本"按钮🅣，切换到文本属性，将"color"设为灰色（#7b7b60），"font-size"设为 18 px，"font-weight"设为"bold"，如图 5-37 所示。

图 5-36

图 5-37

（7）选中图 5-38 所示的文字，在"属性"面板"类"选项的下拉列表中选择"bt"选项，应用样式，效果如图 5-39 所示。用相同的方法为其他文字应用样式，效果如图 5-40 所示。

活动标题
【纪录片欣赏】春蚕
【专题讲座】夏衍：世纪的同龄人
【专题导览】货币艺术
【专题讲座】内蒙古博物院
【纪录片欣赏】风云儿女

图 5-38

活动标题
【纪录片欣赏】春蚕
【专题讲座】夏衍：世纪的同龄人
【专题导览】货币艺术
【专题讲座】内蒙古博物院
【纪录片欣赏】风云儿女

图 5-39

时间	地点	人数
2020-04-06 周六 10:00~12:00	观众活动中心	120人
2020-04-18 周六 14:00~16:00	观众活动中心	150人
2020-04-10 周五 15:00~16:00	观众活动中心	100人
2020-04-19 周日 14:00~16:00	观众活动中心	113人
2020-04-04 周六 14:00~16:00	观众活动中心	50人

图 5-40

（8）保存文档，按 F12 键预览效果，如图 5-41 所示。

图 5-41

2. 排序表格

（1）选中图 5-42 所示的表格，选择"编辑 > 表格 > 排序表格"命令，弹出"排序表格"对话框，如图 5-43 所示。在"排列按"选项的下拉列表中选择"列 1"，"顺序"下拉列表中选择"按字母顺序"，在后面的下拉列表中选择"降序"，如图 5-44 所示，单击"确定"按钮，表格进行排序，效果如图 5-45 所示。

活动标题	时间	地点	人数
【专题讲座】夏衍：世纪的同龄人	2020-04-06 周六 10:00~12:00	观众活动中心	120人
【专题讲座】内蒙古博物院	2020-04-18 周六 14:00~16:00	观众活动中心	150人
【专题导览】货币艺术	2020-04-10 周五 15:00~16:00	观众活动中心	100人
【纪录片欣赏】风云儿女	2020-04-19 周日 14:00~16:00	观众活动中心	113人
【纪录片欣赏】春蚕	2020-04-04 周六 14:00~16:00	观众活动中心	50人

图 5-42

图 5-43

图 5-44

活动标题	时间	地点	人数
【专题讲座】夏衍：世纪的同龄人	2020-04-06 周六 10:00~12:00	观众活动中心	120人
【专题讲座】内蒙古博物院	2020-04-18 周六 14:00~16:00	观众活动中心	150人
【专题导览】货币艺术	2020-04-10 周五 15:00~16:00	观众活动中心	100人
【纪录片欣赏】风云儿女	2020-04-19 周日 14:00~16:00	观众活动中心	113人
【纪录片欣赏】春蚕	2020-04-04 周六 14:00~16:00	观众活动中心	50人

图 5-45

（2）保存文档，按 F12 键预览效果，如图 5-46 所示。

图 5-46

课堂练习——火锅餐厅网页

【练习知识要点】使用"Table"按钮，插入表格效果；使用"Image"按钮，插入图像；使用"CSS设计器"面板，为单元格添加背景图像及控制文字大小和字体，如图 5-47 所示。

图 5-47

【效果所在位置】云盘/Ch05/效果/火锅餐厅网页/index.html。

课后习题——OA 办公系统网页

【习题知识要点】使用"导入表格式数据"命令，导入外部表格数据；使用"属性"面板，改变表格的高度和对齐方式；使用"CSS 设计器"面板，改变文字的颜色，如图 5-48 所示。

图 5-48

【效果所在位置】云盘/Ch05/效果/ OA 办公系统网页/index.html。

第6章
ASP

本章主要介绍 ASP 动态网页基础和内置对象，包括 ASP 服务器的安装、ASP 语法基础、数组的创建与应用及流程控制语句等。通过对本章的学习，读者可以掌握 ASP 的基本操作。

课堂学习目标

- 掌握 ASP 服务器的运行环境及安装 IIS 的方法
- 掌握 ASP 语法基础及数组的创建与应用方法
- 掌握 VBScript 选择和循环语句
- 掌握 Request 请求和响应对象的方法
- 掌握 Server 服务对象

6.1 ASP 动态网页基础

ASP（Active Server Pages）是微软公司 1996 年年底推出的 Web 应用程序开发技术，其主要功能是为生成动态交互的 Web 服务器应用程序提供功能强大的方法和技术。ASP 既不是一种语言，也不是一种开发工具，而是一种技术框架，是位于服务器端的脚本运行环境。

6.1.1 ASP 服务器的安装

ASP 是一种服务器端脚本编写环境，其主要功能是把脚本语言、HTML、组件和 Web 数据库访问功能有机地结合在一起，形成一个能在服务器端运行的应用程序，该应用程序可根据来自浏览器端的请求生成相应的 HTML 文档并将其回送给浏览器。使用 ASP 可以创建以 HTML 网页作为用户界面，并能够对数据库进行交互的 Web 应用程序。

1. ASP 的运行环境

（1）Windows 2000 Server / Professional 操作系统。

在 Windows 2000 Server / Professional 操作系统下安装并运行 IIS 5.0。

（2）Windows XP Professional 操作系统。

在 Windows XP Professional 操作系统下安装并运行 IIS 5.1。

（3）Windows Server 2003 操作系统。

在 Windows Server 2003 操作系统下安装并运行 IIS 6.0。

（4）Windows Vista / Windows Server 2008 / Windows 7 / Windows 10 操作系统。

在 Windows Vista / Windows Server 2008/ Windows 7 / Windows 10 操作系统下安装并运行 IIS 7.0。

2. 安装 IIS

互联网信息服务（Internet Information Services, IIS）是微软公司提供的一种互联网基本服务，已经被作为组件集成在 Windows 操作系统中。如果用户安装 Windows Server 2000 或 Windows Server 2003 等操作系统，则在安装时会自动安装相应版本的 IIS。如果安装的是 Windows 7 或 Windows 10 等操作系统，默认情况下不会安装 IIS，这时，需要进行手动安装。

（1）选择"开始 > Windows 系统 > 控制面板"命令，打开"控制面板"窗口，单击"程序"按钮，进入"程序"窗口，单击"启用或关闭 Windows 功能"按钮，弹出"Windows 功能"对话框，如图 6-1 所示。在"Internet Information Services"下勾选相应的 Windows 功能，如图 6-2 所示。

图 6-1

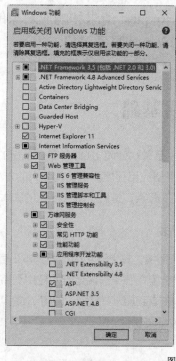

图 6-2

（2）设置完成后，单击"确定"按钮，系统会自动添加功能，如图 6-3 所示。

（3）安装完成后，需要对 IIS 进行简单的设置。单击"程序"窗口左上方的"控制面板主页"按钮，进入控制面板主页，如图 6-4 所示。

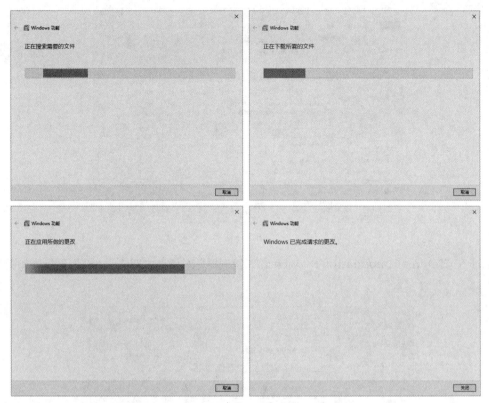

图 6-3

图 6-4

（4）单击控制面板中的"管理工具"按钮，在弹出的对话框内双击"Internet Information Services(IIS)管理器"选项，如图 6-5 所示。

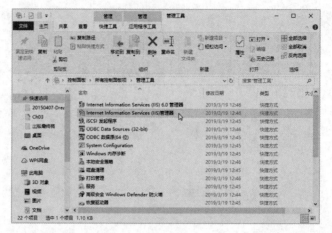

图 6-5

（5）在"Internet Information Services(IIS)管理器"对话框中双击"ASP"图标，如图 6-6 所示。

图 6-6

（6）将"启用父路径"属性设为"True"，如图 6-7 所示。

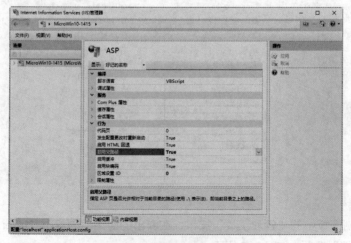

图 6-7

在"Internet Information Services(IIS)管理器"对话框左侧的列表中展开列表选项，用鼠标右键单击"Default Web Site"选项，在弹出的菜单中选择"管理网站 > 高级设置"命令，如图6-8 所示。

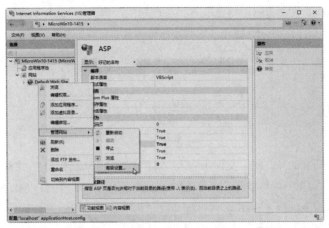

图 6-8

（8）弹出"高级设置"对话框，在对话框中单击"物理路径"选项右侧的 ... 按钮，在弹出的"浏览文件夹"对话框中选择物理路径，选择好之后，单击"确定"按钮，返回"高级设置"对话框，单击"确定"按钮，完成设置。

（9）在"Internet Information Services(IIS)管理器"对话框左侧的列表中，用鼠标右键单击"Default Web Site"选项，在弹出的菜单中选择"编辑绑定"命令，在弹出的"网站绑定"对话框中单击"添加"按钮，弹出"添加网站绑定"对话框。设置完成后单击"确定"按钮返回到"网站绑定"对话框中，单击"关闭"按钮完成 IIS 的安装。

6.1.2 ASP 语法基础

1. ASP 文件结构

ASP 文件是以".asp"为扩展名的。在 ASP 文件中，可以包含以下内容。

（1）HTML 标签：HTML 标记语言包含的标签。

（2）脚本命令：包括 VBScript 或 JavaScript 脚本。

（3）ASP 代码：位于"<%"和"%>"分界符之间的命令。在编写服务器端的 ASP 脚本时，也可以在<script>和</script>标签之间定义函数、方法和模块等，但必须在<script>标签内指定runat 属性值为"server"。如果忽略了 runat 属性，脚本将在客户端执行。

（4）文本：网页中说明性的静态文字。

下面给出一个简单的 ASP 程序，来说明 ASP 文件结构。

这个 ASP 程序用于输出当前系统日期时间，代码如下。

```
<html>
<head>
<meta charset="utf-8">
<title>ASP 程序</title>
</head>
```

```
<body>
```

当前系统日期时间为：<%=Now()%>

```
</body>
</html>
```

运行以上程序代码，在浏览器中将显示图 6-9 所示的内容。

图 6-9

以上代码是一个标准的 HTML 文件中嵌入 ASP 程序而形成的 ASP 文件。其中，<html>和 </html>为 HTML 文件的开始标签和结束标签；<head>和</head>为 HTML 文件的头部标签；在头部标签之间，定义了标题标签<title>和</title>，用于显示 ASP 文件的标题信息；<body>和 </body>为 HTML 文件的主体标签，文本内容"当前系统日期时间为"及"<%=Now()%>"都嵌在 <body>和</body>标签之间。

2. 声明脚本语言

在编写 ASP 程序时，可以声明 ASP 文件所使用的脚本语言，以通知 Web 服务器文件是使用何种脚本语言来编写程序的。声明脚本语言有以下 3 种方法。

（1）在 IIS 中设定默认 ASP 语言。

在"Internet Information Services(IIS)管理器"对话框中将"脚本语言"设为"VBScript"，如图 6-10 所示。

图 6-10

（2）使用@language 声明脚本语言。

在 ASP 文件的开头，可以使用 language 关键字声明要使用的脚本语言。使用这种方法声明的脚本语言只作用于该文件，对其他文件不会产生影响。

语法：

```
<%@language=scriptengine%>
```

其中，scriptengine 表示编译脚本的脚本引擎名称。IIS 管理器中包含两个脚本引擎，分别为例如，在 ASP 文件的第一行设定页面使用的脚本语言为 VBScript，代码如下。

```
<%@language="VBScript"%>
```

需要注意的是，如果在 IIS 服务器中设置的默认 ASP 语言为 VBScript，且文件中使用的也是 VBScript，则在 ASP 文件中可以不用声明脚本语言；如果文件中使用的脚本语言与 IIS 服务器中设置的默认 ASP 语言不同，则需使用@language 处理指令声明脚本语言。

（3）通过<script>标签声明脚本语言。

通过设置<script>标签中的 language 属性值，可以声明脚本语言。需要注意的是，此声明只作用于<script>标签。

语法：

```
<script language=scriptengine runat="server">
//脚本代码
</script>
```

其中，scriptengine 表示编译脚本的脚本引擎名称；runat 属性值设置为 server，表示脚本运行在服务器端。

例如，在<script>标签中声明脚本语言为 JavaScript，并编写程序，用于向客户端浏览器输出指定的字符串，代码如下。

```
<script language="javascript" runat="server">
Response.write("Hello World!");  //调用 Response 对象的 Write 方法输出指定字符串
</script>
```

运行程序，效果如图 6-11 所示。

图 6-11

3. ASP 与 HTML

在 ASP 网页中，ASP 程序包含在"<%"和"%>"之间，并在浏览器打开网页时产生动态内容。它与 HTML 标签两者互相协作，构成动态网页。ASP 程序可以出现在 HTML 文件中的任意位置，同时在 ASP 程序中也可以嵌入 HTML 标签。

编写 ASP 程序，通过 Date()函数输出当天日期，并应用<font>标签定义日期显示颜色，代码如下。

```
<html>
<head>
<meta http-equiv="Content-Type" content="text/html; charset=gb2312"/>
<title>b</title>
</head>
<body>
```

```
<%
  Response.Write("<font color=red>")
  Response.Write(Date())
  Response.Write("</font>")
%>
</body>
</html>
```

以上代码通过 Response 对象的 Write 方法向浏览器端输出<font>和</font>标签及当前系统日期。在 IIS 中浏览该文件，运行结果如图 6-12 所示。

图 6-12

6.1.3 数组的创建与应用

数组是有序数据的集合。数组中的每一个元素都属于同一个数据类型，用一个统一的数组名和下标可以唯一地确定数组中的元素，下标放在紧跟在数组名之后的括号中。有一个下标的数组称为一维数组，有两个下标的数组称为二维数组，以此类推。数组的最大维数为 60。

1. 创建数组

在 VBScript 中，数组有两种类型：固定数组和动态数组。

（1）固定数组。

固定数组是指大小在程序运行时不可改变的数组。数组在使用前必须先声明，使用 Dim 语句可以声明数组。

声明数组的语法如下。

```
Dim array(i)
```

在 VBScript 中，数组的下标是从 0 开始计数的，所以数组的长度应用 "i+1"。

例如：

```
Dim ary(3)
Dim db_array(5,10)
```

声明数组后，就可以为数组每个元素赋值。在为数组赋值时，必须通过数组的下标指明要赋值的元素的位置。

例如，在数组中使用下标为数组的每个元素赋值，代码如下。

```
Dim ary(3)
ary(0)="数学"
ary(1)="语文"
ary(2)="英语"
```

（2）动态数组。

声明数组时也可能不指明它的下标，这样的数组叫作变长数组，也称为动态数组。动态数组的声明方法与固定数组声明的方法一样，唯一不同的是没有指明下标，语法如下。

```
Dim array()
```

虽然动态数组声明时无须指明下标，但在使用它之前必须使用 Redim 语句确定数组的维数。对动态数组进行重新声明的语法如下。

```
Dim array()
Redim array(i)
```

2. 应用数组函数

数组函数用于数组的操作。数组函数主要包括 LBound 函数、UBound 函数、Split 函数和 Erase 函数。

（1）LBound 函数。

LBound 函数用于返回一个 Long 型数据，其值为指定数组维数的最小下标。

语法：

```
LBound (arrayname[, dimension])
```

arrayname：必需的，表示数组变量的名称，遵循标准的变量命名约定。

dimension：可选的，类型为 Variant (Long)。指定返回下界的维度。1 表示第一维，2 表示第二维，以此类推。如省略 dimension，则默认为 1。

例如，返回数组 MyArray 第二维的最小可用下标，代码如下。

```
<%
Dim MyArray(5,10)
Response.Write(LBound(MyArray,12))
%>
```

结果为：0

（2）UBound 函数。

UBound 函数用于返回一个 Long 型数据，其值为指定的数组维数的最大下标。

语法：

```
UBound(arrayname[, dimension])
```

arrayname：必需的。数组变量的名称，遵循标准变量命名约定。

dimension：可选的，类型为 Variant (Long)。指定返回上界的维度。1 表示第一维，2 表示第二维，以此类推。如果省略 dimension，则默认为 1。

UBound 函数与 LBound 函数一起使用，用来确定一个数组的大小。LBound 用来确定数组某一维的上界。

例如，返回数组 MyArray 第二维的最大可用下标，代码如下。

```
<%
Dim MyArray(5,10)
Response.Write(UBound(MyArray,2))
%>
```

结果为：10

（3）Split 函数。

Split 函数用于返回一个下标从 0 开始的一维数组，它包含指定数目的子字符串。

语法：

```
Split(expression[, delimiter[, count[, compare]]])
```

expression：必需的，包含子字符串和分隔符的字符串表达式。如果 expression 是一个长度为 0 的字符串（""），则 Split 返回一个空数组，即没有元素和数据的数组。

delimiter：可选的，用于标识子字符串边界的字符串字符。如果忽略，则使用空格字符（" "）作为分隔符。如果 delimiter 是一个长度为 0 的字符串，则返回的数组仅包含一个元素，即完整的 expression 字符串。

count：可选的，要返回的子字符串数，−1 表示返回所有的子字符串。

compare：可选的，数字值，表示判别子字符串时使用的比较方式。

例如，读取字符串 str 中以符号"/"分隔的各子字符串，代码如下。

```
<%
Dim str,str_sub,i
str="ASP 程序开发/VB 程序开发/ASP.NET 程序开发"
str_sub=Split(str,"/")
For i=0 to Ubound(str_sub)
  Respone.Write(i+1&"."&str_sub(i)&"<br>")
Next
%>
```

结果为：

① ASP 程序开发

② VB 程序开发

③ ASP.NET 程序开发

（4）Erase 函数。

Erase 函数用于重新初始化大小固定的数组的元素，以及释放动态数组的存储空间。

语法：

```
Erase arraylist
```

所需的 arraylist 参数是一个或多个用逗号隔开的需要清除的数组变量。

Erase 根据是固定大小的（常规的）数组还是动态数组，采取完全不同的行为。Erase 无须为固定大小的数组恢复内存。

例如，定义数组元素内容后，利用 Erase 函数释放数组的存储空间，代码如下。

```
<%
Dim MyArray(1)
MyArray(0)="网络编程"
Erase MyArray
If MyArray(0)= "" Then
Response.Write("数组资源已释放！")
Else
  Response.Write(MyArray(0))
End If
%>
```

结果为：数组资源已释放！

6.1.4 流程控制语句

在 VBScript 语言中，有顺序结构、选择结构和循环结构 3 种基本程序控制结构。顺序结构是程序设计中最基本的结构,在程序运行时,编译器总是按照先后顺序执行程序中的所有命令。通过选择结构和循环结构可以改变代码的执行顺序。本节介绍 VBScript 选择语句和循环语句。

1. 运用 VBScript 选择语句

(1)使用 if 语句实现单分支选择结构。

if…then…end if 语句被称为单分支选择语句,可用于实现程序的单分支选择结构。该语句根据表达式结果是否为真,决定是否执行指定的命令序列。在 VBScript 中,if…then…end if 语句的基本格式如下。

```
if 条件语句 then
    …命令序列
end if
```

通常情况下,条件语句是使用比较运算符对数值或变量进行比较的表达式。执行该格式的命令时,首先对条件进行判断,若条件取值为真(true),则执行命令序列;否则跳过命令序列,执行 end if 后的语句。

例如,判断给定变量的值是否为数字,如果为数字则输出指定的字符串信息,代码如下。

```
<%
Dim Num
Num=105
If IsNumeric(Num) then
  Response.Write("变量 Num 的值是数字!")
end if
%>
```

(2)使用 if…then…else 语句实现双分支选择结构。

if…then…else 语句被称为双分支选择语句,可用于实现程序的双分支选择结构。该语句根据条件语句的取值,执行相应的命令序列。基本格式如下。

```
if 条件语句 then
…命令序列 1
else
…命令序列 2
end if
```

执行该格式命令时,若条件语句为 true,则执行命令序列 1,否则执行命令序列 2。

(3)使用 select case 语句实现多分支选择结构。

select case 语句被称为多分支选择语句,该语句可以根据条件表达式的值,决定执行的命令序列。应用 select case 语句实现的功能,相当于嵌套使用 if 语句实现的功能。select case 语句的基本格式如下。

```
select case 变量或表达式
    case 结果 1
        命令序列 1
    case 结果 2
        命令序列 2
        …
    case 结果 n
        命令序列 n
    case else 结果 n
        命令序列 n+1
```

```
end select
```

在 select case 语句中，首先对表达式进行计算，可以进行数学计算或字符串运算，然后将运算结果依次与结果 1 到结果 *n* 做比较，如果找到相等的结果，则执行对应的 case 语句中的命令序列；如果未找到相等的结果，则执行 case else 语句后面的命令序列。执行命令序列后，退出 select case 语句。

2. 运用 VBScript 循环语句

（1）do…loop 循环控制语句。

do…loop 语句当条件为 true 或条件变为 true 之前重复执行某语句块。根据循环条件出现的位置，do…loop 语句的格式分以下两种。

① 循环条件出现在语句的开始部分。

```
do while 条件表达式
    循环体
loop
```

或者

```
do until 条件表达式
    循环体
loop
```

② 循环条件出现在语句的结尾部分。

```
do
    循环体
loop until 条件表达式
```

其中的 while 和 until 关键字的作用正好相反，while 是当条件为 true 时，执行循环体；而 until 是条件为 false 时，执行循环体。

在 do…loop 语句中，条件表达式在前与在后的区别是：条件表达式在前，表示在循环条件为真时，才能执行循环体；而条件表达式在后，表示无论条件是否满足都至少执行一次循环体。

在 do…loop 语句中，还可以使用强行退出循环的指令 exit do，此语句可以放在 do…loop 语句中的任意位置，它的作用与 for 语句中的 exit for 相同。

（2）while…wend 循环控制语句。

while…wend 语句是当前指定的条件为 true 时执行一系列的语句。该语句与 do…loop 循环语句相似。while…wend 语句的格式如下。

```
while condition
[statements]
wend
```

condition：数值或字符串表达式，其计算结果为 true 或 false。如果 condition 为 null，则 condition 返回 false。

statements：在条件为 true 时执行的一条或多条语句。

在 while…wend 语句中，如果 condition 为 true，则 statements 中所有 wend 语句之前的语句都将被执行，然后控制权将返回到 while 语句，并且重新检查 condition。如果 condition 仍为 true，则重复执行上面的过程；如果 condition 为 false，则从 wend 语句之后的语句继续执行程序。

（3）for…next 循环控制语句。

for…next 语句是一种强制型的循环语句，它指定次数，重复执行一组语句。其格式如下。

```
for counter=start to end [step number]
   statement
    [exit for]
next
```

counter：用作循环计数器的数值变量。start 和 end 分别是 counter 的初始值和终止值。number 为 counter 的步长，决定循环的执行情况，可以是正数或负数，其默认值为 1。

statement：表示循环体。

exit for：为 for…next 提供了另一种退出循环的方法，可以在 for…next 语句的任意位置放置 exit for。exit for 语句经常和条件语句一起使用。

exit for 语句可以嵌套使用，即可以把一个 for…next 循环放置在另一个 for…next 循环中，此时每个循环中的 counter 要使用不同的变量名。例如：

```
for i =0 to 10
   for j=0 to 10
    …
   next
…
Next
```

（4）for each…next 循环控制语句。

for each…next 语句主要针对数组或集合中的每个元素重复执行一组语句。虽然也可以用 for each…next 语句完成任务，但是如果不知道一个数组或集合中有多少个元素，则使用 for each…next 循环语句是较好的选择。其格式如下。

```
for each 元素 in 集合或数组
   循环体
    [exit for]
next
```

（5）exit 退出循环语句。

exit 语句主要用于退出 do…loop、for…next、function 或 sub 代码块。其格式如下。

```
exit do
exit for
exit function
exit property
exit sub
```

exit do：提供一种退出 do…loop 循环的方法，并且只能在 do…loop 循环中使用。

exit for：提供一种退出 for 循环的方法，并且只能在 for…next 或 for each…next 循环中使用。

exit function：立即从包含该语句的 function 过程中退出。程序会从调用 function 过程的语句之后的语句继续执行。

exit property：立即从包含该语句的 property 过程中退出。程序会从调用 property 过程的语句之后的语句继续执行。

exit sub：立即从包含该语句的 sub 过程中退出。程序会从调用 sub 过程的语句之后的语句继续执行。

6.1.5 课堂案例——节能环保网页

【案例学习目标】使用日期函数显示当前系统时间。

【案例知识要点】使用"拆分"按钮和"设计"按钮切换视图窗口，使用函数"Now()"显示当前系统日期和时间，如图6-13所示。

【效果所在位置】云盘/Ch06/效果/节能环保网页/index.asp

（1）选择"文件 > 打开"命令，在弹出的"打开"对话框中，选择云盘中的"Ch06 > 素材 > 节能环保网页 > index.asp"文件，单击"打开"按钮，效果如图6-14所示。

图6-13

图6-14

（2）将光标置于图6-15所示的单元格中。单击文档窗口上方的"拆分"按钮 拆分，切换到拆分视图，此时光标位于单元格标签中，如图6-16所示。

图6-15

图6-16

（3）输入文字和代码：当前时间为：<%=Now()%>，如图6-17所示。单击文档窗口上方的"设计"按钮 设计，切换到设计视图窗口，单元格效果如图6-18所示。

图6-17

图6-18

（4）保存文档，在IIS中浏览页面，效果如图6-19所示。

图 6-19

6.2 ASP 内置对象

为了实现网站的常见功能，ASP 提供了内置对象。内置对象的特点是：不需要事先声明或者创建一个例，可以直接使用。常见的内置对象的主要内容包括 Request 对象、Response 对象、Application 对象、Session 对象、Server 对象和 ObjectContext 对象。

6.2.1 Request 请求对象

在客户端/服务器结构中，当客户端 Web 页面向网站服务器传递信息时，ASP 通过 Request 对象能够获取客户提交的全部信息。信息包括客户端用户的 HTTP 变量在网站服务器端存放的客户端浏览器的 Cookies 数据、附于 URL 之后的字符串信息、页面中表单传送的数据及客户端的认证等。

Request 对象语法：

```
Request [.collection | property | method](variable)
```

collection：数据集合。

property：属性。

method：方法。

variable：是由字符串定义的变量参数，指定要从集合中检索的项目或者作为方法和属性的输入。

使用 Request 对象时，collection、property 和 method 可选 1 个或者 3 个都不选，此时按以下顺序搜索集合：QueryString、Form、Cookies、ServerVariables 和 ClientCertificate。

例如，使用 Request 对象的 QueryString 数据集合取得传递值参数 Parameter 值并赋给变量 id。

```
<%
    dim id
    id= Request. QueryString ("Parameter")
%>
```

Request 对象包括 5 个数据集合、1 个属性和 1 个方法，如表 6-1 所示。

表 6-1

成　　员	描　　述
数据集合 form	读取 HTML 表单域控件的值，即读取客户浏览器上以 post 方法提交的数据
数据集合 querystring	读取附于 URL 地址后的字符串值，获取 get 方式提交的数据
数据集合 cookies	读取存放在客户端浏览器 Cookies 中的内容
数据集合 servervariable	读取客户端请求发出的 HTTP 报头值及 Web 服务器的环境变量值
数据集合 clientcertificate	读取客户端的验证字段
属性 totalbytes	返回客户端发出请求的字节数量
方法 binaryread	以二进制方式读取客户端使用 post 方法所传递的数据，并返回一个变量数组

1. 获取表单数据

检索表单数据：表单是 HTML 文件的一部分，提交输入的数据。

在含有 ASP 动态代码的 Web 页面中，使用 Request 对象的 Form 集合收集来自客户端的以表单形式发送到服务器的信息。

语法：

```
Request.Form(element)[(index)|.count]
```

element：集合要检索的表单元素的名称。

index：用来取得表单中名称相同的元素值。

count：集合中相同名称的元素的个数。

一般情况下，传递大量数据使用 post 方法，通过 Form 集合来获得表单数据。用 get 方法传递数据时，通过 Request 对象的 QueryString 集合来获得数据。

数据和读取数据的对应关系如表 6-2 所示。

表 6-2

提交方式	读取方式
Method=Post	Request.Form()
Method=Get	Request.QueryString()

在 "index.asp" 文件中建立表单，在表单中插入文本框及按钮。当用户在文本框中输入数据并单击 "提交" 按钮时，在 "code.asp" 页面中通过 Request 对象的 Form 集合获取表单传递的数据并输出。

文件 "index.asp" 中的代码如下。

```
<form id="form1" name="form1" method="post" action="code.asp">
    <p>用户名:
      <input type="text" name="txt_username" id="txt_username" />
    </p>
    <p>密码:
      <input type="password" name="txt_pwd" id="txt_pwd" />
    </p>
    <p>
      <input type="submit" name="Submit" id="button" value="提交" />
         
      <input type="reset" name="Submit2" id="button2" value="重置" />
    </p>
</form>
```

文件“code.asp”中的代码如下。

```
<p>用户名为：<%=Request.Form("txt_username")%>
<p>密码为：<%=Request.Form("txt_pwd")%>
```

在 IIS 浏览器中查看“index.asp”文件，运行结果如图 6-20 和图 6-21 所示。

图 6-20

图 6-21

当表单中的多个对象具有相同名称时，可以利用 Count 属性获取具有相同名称对象的总数，然后加上一个索引值取得相同名称对象的不同内容值。也可以用“for each…next”语句来获取相同名称对象的不同内容值。

2. 检索查询字符串

利用 QueryString 可以检索 HTTP 查询字符串中变量的值。HTTP 查询字符串中的变量可以直接定义在超链接的 URL 地址中的“？”字符之后，例如 http://www. ptpress.com.cn/?name=wang。

如果传递多个参数变量，用“&”作为分隔符隔开。

语法：Request. QueryString (varible)[(index)|.count]。

variable：指定要检索的 HTTP 查询字符串中的变量名。

index：用来取得 HTTP 查询字符串中相同变量名的变量值。

count：HTTP 查询字符串中相同名称变量的个数。

有两种情况需要在服务器端指定利用 QueryString 数据集合取得客户端传送的数据。

● 在表单中通过 get 方式提交的数据。

据此方法提交的数据与 Form 数据集合相似，利用 QueryString 数据集合可以取得在表单中以 get 方式提交的数据。

● 利用超链接标签<a>传递的参数。

取得标签<a>所传递的参数值。

3. 获取服务器端环境变量

利用 Request 对象的 ServerVariables 数据集合可以取得服务器端的环境变量信息。这些信息包括发出请求的浏览器信息、构成请求的 HTTP 方法、用户登录 Windows NT 的账号、客户端的 IP 地址等。服务器端环境变量对 ASP 程序有很大的帮助，使程序能够根据不同情况进行判断，提高了程序的健壮性。服务器环境变量是只读变量，只能查看，不能设置。

语法：

```
Request.ServerVariables(server_environment_variable)
```

server_environment_variable：服务器环境变量。

服务器环境变量列表如表 6-3 所示。

表 6-3

服务器环境变量	描　　述
ALL_HTTP	客户端发送的所有 HTTP 标题文件
ALL_RAW	检索未处理表格中所有的标题。ALL_RAW 和 ALL_HTTP 不同，ALL_HTTP 在标题文件名前面放置 HTTP_ prefix，并且标题名称总是大写的。使用 ALL_RAW 时，标题名称和值只在客户端发送时才出现
APPL_MD_PATH	检索 ISAPI DLL 的 (WAM) Application 的元数据库路径
APPL_PHYSICAL_PATH	检索与元数据库路径相应的物理路径。IIS 通过将 APPL_MD_PATH 转换为物理（目录）路径以返回值
AUTH_PASSWORD	该值输入到客户端的鉴定对话中。只有使用基本鉴定时，该变量才可用
AUTH_TYPE	这是用户访问受保护的脚本时，服务器用于检验用户的验证方法
AUTH_USER	未被鉴定的用户名
CERT_COOKIE	客户端验证的唯一 ID，以字符串方式返回，可作为整个客户端验证的签字
CERT_FLAGS	如有客户端验证，则 bit 0 为 1； 如果客户端验证的验证人无效（不在服务器承认的 CA 列表中），bit 1 被设置为 1
CERT_ISSUER	用户验证中的颁布者字段（O=MS，OU=IAS，CN=user name，C=USA）
CERT_KEYSIZE	安全套接字层连接关键字的位数，如 128
CERT_SECRETKEYSIZE	服务器验证私人关键字的位数，如 1 024
CERT_SERIALNUMBER	用户验证的序列号字段
CERT_SERVER_ISSUER	服务器验证的颁发者字段
CERT_SERVER_SUBJECT	服务器验证的主字段
CERT_SUBJECT	客户端验证的主字段
CONTENT_LENGTH	客户端发出内容的长度
CONTENT_TYPE	内容的数据类型，同附加信息的查询一起使用，如 HTTP 查询 GET、POST 和 PUT
GATEWAY_INTERFACE	服务器使用的 CGI 规格的修订，格式为 CGI/revision
HTTP_<HeaderName>	存储在标题文件中的值。未列入该表的标题文件必须以 HTTP_ 作为前缀，以使 ServerVariables 集合检索其值 注意，服务器将 HeaderName 中的下划线（_）解释为实际标题中的破折号。例如，如果用户指定 HTTP_MY_HEADER，服务器将搜索以 MY-HEADER 为名发送的标题文件
HTTPS	如果请求穿过安全通道（SSL），则返回 ON；如果请求来自非安全通道，则返回 OFF
HTTPS_KEYSIZE	安全套接字层连接关键字的位数，如 128
HTTPS_SECRETKEYSIZE	服务器验证私人关键字的位数，如 1 024
HTTPS_SERVER_ISSUER	服务器验证的颁发者字段
HTTPS_SERVER_SUBJECT	服务器验证的主字段
INSTANCE_ID	文本格式 IIS 实例的 ID。如果实例 ID 为 1，则以字符形式出现。使用该变量可以检索请求所属的（元数据库中）Web 服务器实例的 ID
INSTANCE_META_PATH	响应请求的 IIS 实例的元数据库路径
LOCAL_ADDR	返回接受请求的服务器地址。当在绑定多个 IP 地址的多宿主机器上查找请求所使用的地址时，这条变量非常重要
LOGON_USER	用户登录 Windows NT® 的账号
PATH_INFO	客户端提供的额外路径信息。可以使用这些虚拟路径和 PATH_INFO 服务器变量访问脚本。如果该信息来自 URL，在到达 CGI 脚本前就已经由服务器解码了

续表

服务器环境变量	描　述
PATH_TRANSLATED	PATH_INFO 转换后的版本，该变量获取路径并进行必要的由虚拟至物理的映射
QUERY_STRING	查询 HTTP 请求中问号（?）后的信息
REMOTE_ADDR	发出请求的远程主机的 IP 地址
REMOTE_HOST	发出请求的主机名称。如果服务器无此信息，它将设置为空的 MOTE_ADDR 变量
REMOTE_USER	用户发送的未映射的用户名字符串。该名称是用户实际发送的名称，与服务器上验证过滤器修改过后的名称相对
REQUEST_METHOD	该方法用于提出请求，相当于用于 HTTP 的 GET、HEAD、POST 等
SCRIPT_NAME	执行脚本的虚拟路径，用于自引用的 URL
SERVER_NAME	出现在自引用 URL 中的服务器主机名、DNS 化名或 IP 地址
SERVER_PORT	发送请求的端口号
SERVER_PORT_SECURE	包含 0 或 1 的字符串。如果安全端口处理了请求，则为 1，否则为 0
SERVER_PROTOCOL	请求信息协议的名称和修订，格式为 protocol/revision
SERVER_SOFTWARE	应答请求并运行网关的服务器软件的名称和版本。格式为 name/version
URL	提供 URL 的基本部分

4. 以二进制码方式读取数据

（1）Request 对象的 TotalBytes 属性。

Request 对象的 TotalBytes 属性为只读属性，用于取得客户端响应的数据字节数。

语法：

```
Counter=Request.TotalBytes
```

Counter：用于存放客户端送回的数据字节大小的变量。

（2）Request 对象的 BinaryRead 方法。

Request 对象提供一个 BinaryRead 方法，用于以二进制码方式读取客户端使用 post 方式传递的数据。

语法：

```
Variant 数据=Request.BinaryRead(Count)
```

Count：是一个整型数据，用以表示每次读取的数据的字节大小，范围介于 0 到 TotalBytes 属性取回的客户端送回的数据字节大小之间。

BinaryRead 方法的返回值是通用变量数组（Variant Array）。

BinaryRead 方法一般与 TotalBytes 属性配合使用，以读取提交的二进制数据。

例如，以二进制码方式读取数据，代码如下。

```
<%
    Dim Counter,arrays(2)
    Counter=Request.TotalBytes           //获得客户端发送的数据字节数
    Arrays(0)=Request.BinaryRead(Counter)  //以二进制码方式读取数据
%>
```

6.2.2　Response 响应对象

Response 对象用来访问所创建并返回客户端的响应。可以使用 Response 对象控制发送给用户的信息，如直接发送信息给浏览器、重定向浏览器到另一个 URL 或设置 Cookies 的值。Response

对象提供了标识服务器和性能的 HTTP 变量、发送给浏览器的信息内容和任何将在 Cookies 中存储的信息。

Response 对象只有一个集合——Cookies，该集合用于设置希望放置在客户系统上的 Cookies 的值。Response 对象的 Cookies 集合用于当前响应中，将 Cookies 值发送到客户端，该集合的访问方式为只写。

Response 对象的语法如下。

```
Response.collection | property | method
```

collection：Response 对象的数据集合。

property：Response 对象的属性。

method：Response 对象的方法。

例如，使用 Response 对象的 Cookies 数据集合设置客户端的 Cookies 关键字并赋值，代码如下。

```
<%
Response.Cookies("user")="编程"
%>
```

Response 对象与一个 http 响应对应，通过设置其属性和方法可以控制如何将服务器端的数据发送到客户端浏览器。Response 对象成员如表 6-4 所示。

表 6-4

成　　员	描　　述
数据集合 Cookies	设置客户端浏览器的 Cookies 值
属性 buffer	输出页是否被缓冲
属性 cachecontrol	代理服务器是否能缓存 asp 生成的页
属性 status	服务器返回的状态行的值
属性 contenttype	指定响应的 http 内容类型
属性 charset	将字符集名称添加到内容类型标题中
属性 expires	浏览器缓存页面超时前，指定缓存时间
属性 expiresabsolute	指定浏览器上缓存页面超过的日期和时间
属性 Isclientconneted	表明客户端是否与服务器断开
属性 PICS	将 pics 标记的值添加到响应的标题的 pics 标记字段中
方法 write	直接向客户端浏览器输出数据
方法 end	停止处理 .asp 文件并返回当前结果
方法 redirect	重定向当前页面，连接另一个 url
方法 clear	清除服务器缓存的 html 信息
方法 flush	立即输出缓冲区的内容
方法 binarywrite	按字节格式向客户端浏览器输出数据，不进行任何字符集的转换
方法 addheader	设置 html 标题
方法 appendtolog	在 Web 服务器的日志文件中记录日志

1. 将信息从服务器端直接发送给客户端

Write 方法是 Response 对象常用的响应方法，将指定的字符串信息从 Server 端直接输送给 Client 端，在 Client 端动态地显示内容。

语法：

```
Response.Write variant
```

variant：输出到浏览器的变量数据或者字符串。

在页面中插入一个简单的输出语句时，可以用简化写法，代码如下。

- `<%="输出语句"%>`
- `<%Response.Write"输出语句"%>`

2. 利用缓冲输出数据

Web 服务器响应客户端浏览器的请求时，以信息流的方式将响应的数据发送给客户浏览器，发送过程是先返回响应头，再返回正式的页面。在处理 ASP 页面时，信息流的发送方式则是生成一段页面就立即发出一段信息流返回给浏览器。

ASP 提供了另一种发送数据的方式，即利用缓存输出。缓存输出 Web 服务器生成 ASP 页面时，等 ASP 页面全部处理完成之后，再返回用户请求。

（1）使用缓冲输出。

- Buffer 属性。
- Flush 方法。
- Clear 方法。

（2）设置缓冲的有效期限。

- CacheControl 属性。
- Expires 属性。
- ExpiresAbsolute 属性。

3. 重定向网页

网页重定向是指从一个网页跳转到其他页面。应用 Response 对象的 Redirect 方法可以将客户端浏览器重定向到另一个 Web 页面。如果需要从当前网页转移到一个新的 URL，而不用用户单击超链接或者搜索 URL，此时可以使用该方法使用浏览器直接重定向到新的 URL。

语法：

```
Response.Redirect URL
```

URL：资源定位符，表示浏览器重定向的目标页面。

调用 Redirect 方法将会忽略当前页面所有的输出而直接定向到被指定的页面，即在页面中显示设置的响应正文内容都被忽略。

4. 向客户端输出二进制数据

利用 BinaryWrite 可以直接发送二进制数据，不需要进行任何字符集转换。

语法：

```
Response.BinaryWrite variable
```

variable：是一个变量，它的值是要输出的二进制数据，一般是非文字资料，如图像文件和声音文件等。

5. 使用 Cookies 在客户端保存信息

Cookies 是一种将数据传送到客户端浏览器的文本句式，将数据保存在客户端硬盘上，从而与某个 Web 站点持久地保持会话。Response 对象与 Request 对象都包含 Cookies。Request.Cookies 是一系列 Cookies 数据，同客户端 HTTP Request 一起发送给 Web 服务器；而 Response.Cookies 则是把 Web 服务器的 Cookies 发送到客户端。

（1）写入 Cookies。

向客户端发送 Cookies 的语法：

```
Response.Cookies("Cookies 名称")[("键名值").属性]=内容（数据）
```

必须放在发送给浏览器的 HTML 文件的<html>标签之前。

（2）读取 Cookies。

读取时，必须使用 Request 对象的 Cookies 集合。

语法：

```
<% =Request.Cookies("Cookies 名称")%>
```

6.2.3　Session 会话对象

用户可以使用 Session 对象存储特定会话所需的信息。这样，当用户在应用程序的 Web 页之间跳转时，存储在 Session 对象中的变量将不会丢失，而是在整个用户会话中一直存在下去。

当用户请求来自应用程序的 Web 页时，如果该用户还没有会话，则 Web 服务器将自动创建一个 Session 对象。当会话过期或被放弃后，服务器将终止该会话。

语法：

```
Session.collection|property|method
```

collection：Session 对象的集合。

property：Session 对象的属性。

method：Session 对象的方法。

Session 对象可以定义会话级变量。会话级变量是一种对象级的变量，隶属于 Session 对象，它的作用域等同于 Session 对象的作用域，例如：

```
<% session("username")="userli" %>
```

Session 对象的成员如表 6–5 所示。

表 6-5

成　　员	描　　述
集合 contents	包含通过脚本命令添加到应用程序中的变量、对象
集合 staticobjects	包含由<object>标记添加到会话中的对象
属性 SessionID	存储用户的 SessionID 信息
属性 Timeout	Session 的有效期，以分钟为单位
属性 codepage	用于符号映射的代码页
属性 LCID	现场标识符
方法 abandon	释放 Session 对象占用的资源
事件 session_onstart	尚未建立会话的用户请求访问页面时，触发该事件
事件 session_onend	会话超时或会话被放弃时，触发该事件

1．返回当前会话的唯一标识符

SessionID 自动为每一个 Session 对象分配不同的编号，返回用户的会话标识。

语法：

```
Session.SessionID
```

此属性返回一个不重复的长整型数字。

例如，返回用户会话标识代码如下。

```
<% Response.Write Session.SessionID %>
```

2. 控制会话的结束时间

Timeout 用于定义会话有效访问时间，以分钟为单位。如果用户在有效的时间内没有进行刷新或请求一个网页，该会话结束，在网页中可以根据需要修改。代码如下。

```
<%
Session.Timeout=10
Response.Write "设置会话超时为: " & Session.Timeout & "分钟"
%>
```

3. 应用 Abandon 方法清除 Session 变量

用户结束使用 Session 变量时，应当清除 Session 对象。

语法：

```
Session.Abandon
```

如果程序中没有使用 Abandon，Session 对象在 Timeout 规定的时间到达后，将被自动清除。

6.2.4 Application 应用程序对象

ASP 程序是在 Web 服务器上运行的，在 Web 站点中创建一个基于 ASP 的应用程序之后，可以通过 Application 对象在 ASP 应用程序的所有用户之间共享信息。也就是说，Application 对象中包含的数据可以在整个 Web 站点中被所有用户使用，并且可以在网站运行期间持久保存数据。用 Application 对象可以实现统计网站的在线人数、创建多用户游戏及创建多用户聊天室等功能。

语法：

```
Application.collection | method
```

collection：Application 对象的数据集合。

method：Application 对象的方法。

Application 对象可以定义应用级变量。应用级变量是一种对象级的变量，隶属于 Application 对象，它的作用域等同于 Application 对象的作用域，例如：

```
<%application("username")="manager"%>
```

Application 对象的主要功能是为 Web 应用程序提供全局性变量。

Application 的对象成员如表 6-6 所示。

表 6-6

成　　员	描　　述
集合 contents	Application 层次的所有可用的变量集合，不包括\<object\>标记建立的变量
集合 staticobjects	在 global.asa 文件中通过\<object\>建立的变量集合
方法 contents.remove	从 Application 对象的 contents 集合中删除一个项目
方法 contents.removeall	从 Application 对象的 contents 集合中删除所有项目
方法 Lock	锁定 Application 变量
方法 Unlock	解除 Application 变量的锁定状态
事件 session_onstart	当应用程序的第一个页面被请求时，触发该事件
事件 session_onend	当 Web 服务器关闭时，该事件中的代码被触发

1. 锁定和解锁 Application 对象

可以利用 Application 对象的 Lock 和 Unlock 方法确保在同一时刻只有一个用户可以修改和存储 Application 对象集合中的变量值。前者用来避免其他用户修改 Application 对象的任何变量，而后者则是允许其他用户对 Application 对象的变量进行修改，如表 6-7 所示。

表 6-7

方　　法	用　　途
Lock	禁止非锁定用户修改 Application 对象集合中的变量值
Unlock	允许非锁定用户修改 Application 对象集合中的变量值

2. 制作网站计数器

"global.asa" 文件用来存放执行任何 ASP 应用程序期间的 Application、Session 事件程序，当 Application 或者 Session 对象被第一次调用或者结束时，就会执行该文件内的对应程序。一个应用程序只能对应一个 "global.asa" 文件，该文件只有存放在网站的根目录下才能正常运行。

"global.asa" 文件的基本结构如下。

```
<Script Language="VBScript" Runat="Server">
Sub Application_OnStart
  ...
End Sub
Sub Session_OnStart
  ...
End Sub
Sub Session_OnEnd
  ...
End Sub
Sub Application_OnEnd
  ...
End Sub
</Script>
```

Application_OnStart 事件：是在 ASP 应用程序中的 ASP 页面第一次被访问时引发的。

Session_OnStart 事件：是在创建 Session 对象时触发的。

Session_OnEnd 事件：是在结束 Session 对象时触发的，即会话超时或者会话被放弃时引发该事件。

Application_OnEnd 事件：是在 Web 服务器被关闭时触发的，即结束 Application 对象时引发该事件。

在 "global.asa" 文件中，用户必须使用 ASP 所支持的脚本语言并且定义在<Script>标签之内，不能定义非 Application 对象或者 Session 对象的模板，否则将产生执行上的错误。

通过在 "global.asa" 文件的 Application_OnStart 事件中定义 Application 变量，可以统计网站的访问量。

6.2.5　Server 服务对象

Server 对象提供对服务器上的方法和属性的访问，大多数方法和属性是作为实用程序的功能提供的。

语法：

```
server.property|method
```

property：Server 对象的属性。

method：Server 对象的方法。

例如，通过 Server 对象创建一个名为"Conn"的 ADO 的 Connection 对象实例，代码如下。

```
<%
    Dim Conn
Set Conn=Server.CreateObject("ADODB.Connection")
%>
```

Server 对象的成员如表 6-8 所示。

表 6-8

成　员	描　述
属性 ScriptTimeOut	该属性用来规定脚本文件执行的最长时间。如果超出最长时间还没有执行完毕，就自动停止执行，并显示超时错误
方法 CreateObject	用于创建组件、应用程序或脚本对象的实例，利用它就可以调用其他外部程序或组件的功能
方法 HTMLEncode	可以将字符串中的特殊字符（<、>和空格等）自动转换为字符实体
方法 URLEncode	用于转换字符串，不过它是按照 URL 规则对字符串进行转换的。按照该规则的规定，URL 字符串中如果出现"空格、?、&"等特殊字符，则接收端有可能接收不到准确的字符，因此就需要进行相应的转换
方法 MapPath	可以将虚拟路径转换为物理路径
方法 Execute	用来停止执行当前网页，转到执行新的网页，执行完毕后返回原网页，继续执行 Execute 方法后面的语句
方法 Transfer	该方法和 Execute 方法非常相似，唯一的区别是执行完新的网页后，并不返回原网页，而是停止执行过程

1. 设置 ASP 脚本的执行时间

Server 对象提供了一个 ScriptTimeOut 属性，ScriptTimeOut 属性用于获取和设置请求到期时间。ScriptTimeOut 属性是指脚本在结束前最长可运行多长时间，该属性可用于设置程序能够运行的最长时间。当处理服务器组件时，超时限制将不再生效，代码如下。

```
Server.ScriptTimeout=NumSeconds
```

NumSeconds 用于指定脚本在服务器结束前最大可运行的秒数，默认值为 90 秒。可以在 Internet 信息服务（IIS）管理器的"应用程序配置"对话框中更改这个默认值，如果将其设置为-1，则脚本将永远不会超时。

2. 创建服务器组件实例

调用 Server 对象的 CreateObject 方法可以创建服务器组件的实例，CreateObject 方法可以用来创建已注册到服务器上的 ActiveX 组件实例，这样可以通过使用 ActiveX 服务器组件扩展 ASP 的功能，实现一些仅依赖脚本语言所无法实现的功能。对于建立在组件对象模型上的对象，ASP 有标准和函数调用接口，只要在操作系统上登记注册了组件程序，COM 就会在系统注册表里维护这些资源，以供程序员调用。

语法：

```
Server.CreateObject(progID)
```

progID：指定要创建的对象的类型，其格式如下。

```
[Vendor.] component[.Version]。
```

Vendor：表示拥有该对象的应用名。

component：表示该对象组件的名称。

Version：表示版本号。

例如，创建一个名为"FSO"的 FileSystemObject 对象实例，并将其保存在 Session 对象变量中，代码如下。

```
<%
    Dim FSO=Server.CreateObject("Scripting.FileSystemObject")
    Session("ofile")=FSO
%>
```

CreateObject 方法仅能用来创建外置对象的实例，不能用来创建系统的内置对象实例。用该方法建立的对象实例仅在创建它的页面中是有效的，即当处理完该页面程序后，创建的对象会自动消失，若想在其他页面中引用该对象，可以将对象实例存储在 Session 对象或者 Application 对象中。

3. 获取文件的真实物理路径

Server 对象的 MapPath 方法可以将指定的相对、虚拟路径映射到服务器上相应的物理目录中。

语法：

```
Server.MapPath(string)
```

string：用于指定虚拟路径的字符串。

虚拟路径如果是以"\"或者"/"开头的，MapPath 方法将返回服务器端的宿主目录。如果虚拟路径以其他字符开头，MapPath 方法将把这个虚拟路径视为相对路径，相对于当前调用 MapPath 方法的页面，返回其他物理路径。

若想取得当前运行的 ASP 文件的真实路径，可以使用 Request 对象的服务器变量 PATH_INFO 来映射当前文件的物理路径。

4. 输出 HTML 源代码

HTMLEncode 方法用于对指定的字符串采用 HTML 编码。

语法：

```
Server.HTMLEncode(string)
```

string：指定要编码的字符串。

当服务器端向浏览器输出 HTML 标签时，浏览器将其解释为 HTML 标签，并按照标签指定的格式显示在浏览器上。使用 HTMLEncode 方法可以在浏览器中原样输出 HTML 标签字符，即浏览器不对这些标签进行解释。

HTMLEncode 方法可以对指定的字符串进行 HTML 编码，将字符串中的 HTML 标签字符转换为实体。例如，HTML 标签字符"<"和">"在编码后被转换为">"和"<"。

6.2.6 ObjectContext 事务处理对象

ObjectContext 对象是一个以组件为主的事务处理系统，可以保证事务的成功完成。使用 ObjectContext 对象，允许程序在网页中直接配合 Microsoft Transaction Server（MTS）使用，从而可以管理或开发高效率的 Web 服务器应用程序。

事务是一个操作序列，这些序列可以视为一个整体。如果其中的某一个步骤没有完成，所有与该操作相关的内容都应该取消。

事务用于对数据库进行可靠的操作。

在 ASP 中使用@TRANSACTION 关键字来标识正在运行的页面要以 MTS 事务服务器来处理。

语法：

```
<%@TRANSACTION=value%>
```

其中@TRANSACTION 的取值有 4 个，如表 6-9 所示。

表 6-9

值	描　述
Required	开始一个新的事务或加入一个已经存在的事务处理中
Required_New	每次都是一个新的事务
Supported	加入到一个现有的事务处理中，但不开始一个新的事务
Not_Supported	既不加入也不开始一个新的事务

ObjectContext 对象提供了两个方法和两个事件控制 ASP 的事务处理。ObjectContext 对象的成员如表 6-10 所示。

表 6-10

成　员	描　述
方法 SetAbort	终止当前网页所启动的事务处理，将事务先前所做的处理撤销到初始状态
方法 etComplete	成功提交事务，完成事务处理
事件 OnTransactionAbort	事务终止时触发的事件
事件 OnTransactionCommit	事务成功提交时触发的事件

SetAbort 方法将终止目前这个网页所启动的事务处理程序，而且将先前对此事务所做的处理撤销，回到初始状态，即将事务“回滚”；SetComplete 方法将终止目前这个网页所启动的事务处理程序，而且将成功地完成事务的提交。

语法：

```
ObjectContext.SetComplete
'SetComplete 方法
ObjectContext.SetAbort
'SetAbort 方法
```

ObjectContext 对象提供了 OnTransactionCommit 和 OnTransactionAbort 两个事件处理程序，前者在事务完成时被激活，后者在事务失败时被激活。

语法：

```
Sub OnTransactionCommit()
'处理程序
End Sub
Sub OnTransactionAbort()
'处理程序
End Sub
```

6.2.7　课堂案例——网球俱乐部网页

【案例学习目标】使用 Request 对象获取表单数据。

【案例知识要点】使用“代码显示器”窗口输出代码，使用 Request 对象获取表单数据，如图 6-22 所示。

图 6-22

【效果所在位置】云盘/Ch06/效果/网球俱乐部网页/ index.asp。

（1）选择"文件 > 打开"命令，在弹出的"打开"对话框中，选择云盘中的"Ch06 > 素材 > 网球俱乐部网页 > index.asp"文件，单击"打开"按钮，效果如图 6-23 所示。将光标置入图 6-24 所示的单元格中。

图 6-23

图 6-24

（2）按 F10 键，弹出"代码检查器"窗口，在光标所在的位置输入代码，如图 6-25 所示，文档窗口如图 6-26 所示。

图 6-25

图 6-26

（3）选择"文件 > 打开"命令，在弹出的对话框中，选择云盘中的"Ch06 > 素材 > 网球俱乐

部网页 > code.asp" 文件，单击 "打开" 按钮，将光标置于下方的单元格中，如图 6-27 所示。在 "代码显示器" 窗口中输入代码，如图 6-28 所示。

图 6-27

图 6-28

（4）保存文档，在 IIS 浏览器中查看 index.asp 文件，如图 6-29 和图 6-30 所示。

图 6-29

图 6-30

课堂练习——挖掘机网页

【练习知识要点】使用 "Form 集合" 命令，获取表单数据，如图 6-31 所示。

图 6-31

【效果所在位置】云盘/Ch06/效果/挖掘机网页/ code.asp。

课后习题——建筑信息咨询网页

【习题知识要点】使用"Response"对象的 Write 方法，向浏览器端输出标记显示日期，如图 6-32 所示。

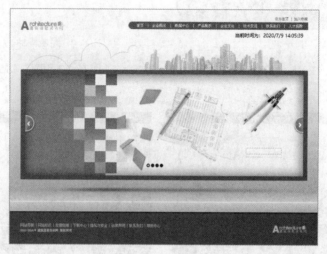

图 6-32

【效果所在位置】云盘/Ch06/效果/建筑信息咨询网页/index.asp。

第 7 章
CSS 样式

通过 CSS 的样式定义，可以将网页制作得更加绚丽多彩。本章主要对 CSS 的技术应用进行讲解。通过对这些内容的学习，可以使设计者轻松、有效地对页面的整体布局、颜色、字体、链接、背景及同一页面的不同部分、不同页面的外观和格式等效果进行精确控制。

课堂学习目标

- 了解 CSS 样式类型的应用
- 掌握 CSS 属性的应用方法和技巧
- 熟练运用 CSS 过滤器

7.1 CSS 样式概述

表格是页面布局极为有用的工具。在设计页面时，往往利用表格定位页面元素。Dreamweaver CC 2019 为网页制作提供了强大的表格处理功能。

7.1.1 "CSS 设计器"面板

使用"CSS 设计器"面板可以创建、编辑和删除 CSS 样式，并且可以将外部样式表附加到文档中。

1. 打开"CSS 设计器"面板

打开"CSS 设计器"面板有以下两种方法。

① 选择"窗口 > CSS 设计器"命令。

② 按 Shift+F11 组合键。

"CSS 设计器"面板如图 7-1 所示，该面板由 4 个选项组组成，分别是"源"选项组、"@媒体"选项组、"选择器"选项组和"属性"选项组。

"源"选项组：用于创建样式、附加样式、删除内部样式表和附加样式表。

"@媒体"选项组：用于控制所选源中的所有媒体查询。

"选择器"选项组：用于显示所选源中的所有选择器。

"属性"选项组：用于显示所选选择器的相关属性，提供仅显示已设置属性的选项。有"布局" ⌗、"文本" T、"边框" □、"背景" ▨ 和"更多" ⋯ 5 个类别按钮，显示在"属性"选项组的顶部，如图 7-2 所示。添加属性后，在该项属性的右侧出现"禁用 CSS 属性"按钮 ◎ 和"删除 CSS 属性"按钮 🗑，如图 7-3 所示。

"禁用 CSS 属性"按钮 ◎：单击该按钮可以将该项属性禁用。再次单击可启用该项属性。

"删除 CSS 属性"按钮 🗑：单击该按钮可以删除该项属性。

图 7-1

图 7-2

图 7-3

2. 样式表的功能

层叠样式表是 HTML 格式的代码，浏览器处理起来速度比较快。另外，Deamweaver CC 2019 提供了功能复杂、使用方便的层叠样式表，方便网站设计师制作个性化网页。样式表的功能归纳如下。

（1）灵活地控制网页中文字的字体、颜色、大小、位置和间距等。

（2）方便地为网页中的元素设置不同的背景颜色和背景图片。

（3）精确地控制网页中各元素的位置。

（4）为文字或图片设置滤镜效果。

（5）与脚本语言结合制作动态效果。

7.1.2　CSS 样式的类型

CSS 样式可分为类选择器、标签选择器、ID 选择器、内联样式、复合选择器等几种。

1. 类选择器

类选择器可以将样式属性应用于页面上所有的 HTML 元素。类选择器的名称必须以"."为前缀进行标识，后面加上类名，属性和值必须符合 CSS 规范，如图 7-4 所示。

将".text"样式应用于 HTML 元素，HTML 元素将以 class 属性进行引用，如图 7-5 所示。

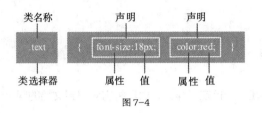

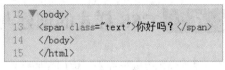

图 7-4   图 7-5

2. 标签选择器

标签选择器可以对页面中的同一标签进行声明，如对 p 标签进行声明，那么页面中所有的<p>标签将会使用相同的样式，如图 7-6 所示。

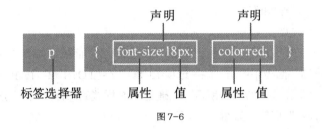

图 7-6

3. ID 选择器

ID 选择器与类选择器的使用方法基本相同，唯一不同之处是 ID 选择器只能在 HTML 页面中使用一次，针对性比较强。ID 选择器以 "#" 为前缀进行标识，后面加上 ID 名，如图 7-7 所示。

将 "#text" 样式应用于 HTML 元素，HTML 元素将以 id 属性进行引用，如图 7-8 所示。

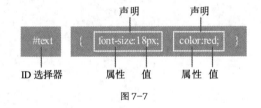

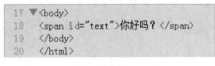

图 7-7   图 7-8

4. 内联样式

内联样式是直接以 style 属性将 CSS 代码写入 HTML 标签，如图 7-9 所示。

```
17 ▼<body>
18   <p style="font-family:'微软雅黑'; font-size: 12px;">你好吗？</p>
19   </body>
```

图 7-9

5. 复合选择器

复合选择器可以将风格完全相同或部分相同的选择器同时声明，如图 7-10 所示。

```
14 ▼h1, h3, h4 {
15     font-family:"微软雅黑";
16     color: #FF0004;
17   }
```
同级别声明

```
14 ▼td p {
15     font-family:"微软雅黑";
16     color: #FF0004;
17   }
```
嵌套式声明

图 7-10

7.2 CSS 样式的创建与应用

若要为不同网页元素设定相同的格式，可先创建一个自定义样式，然后将它应用到文档的网页元素上。

7.2.1 创建 CSS 样式

使用"CSS 设计器"面板可以创建类选择器、标签选择器、ID 选择器和复合选择器等样式。

建立 CSS 样式的操作步骤如下。

（1）新建或打开一个文档。

（2）选择"窗口 > CSS 设计器"命令，弹出"CSS 设计器"面板，如图 7-11 所示。

（3）在"CSS 设计器"面板中单击"源"选项组中的"添加 CSS 源"按钮 +，在弹出的菜单中选择"在页面中定义"选项，如图 7-12 所示，以确定 CSS 样式的保存位置，选择该选项后在"源"选项组中将出现"<style>"标签，如图 7-13 所示。

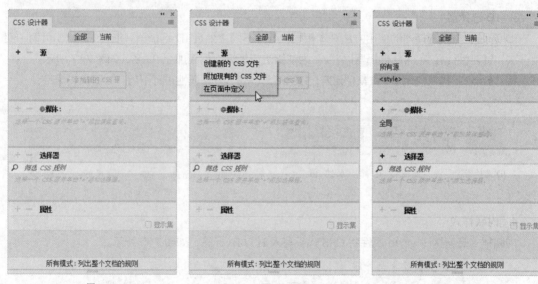

图 7-11　　　　　　　　　　　图 7-12　　　　　　　　　　　图 7-13

"创建新的 CSS 文件"选项：用于创建一个独立的 CSS 文件，并将其附加到该文档中。

"附加现有的 CSS 文件"选项：用于将现有的 CSS 文件附加到当前文档中。

"在页面中定义"选项：用于将 CSS 文件定义在该文档中。

（4）单击"选择器"选项组中的"添加选择器"按钮 +，在"选择器"选项组中出现一个文本框，如图 7-14 所示。根据要定义的样式的类型输入名称，如定义类选择器，首先要输入"."，如图 7-15 所示，再输入名称，如图 7-16 所示，按 Enter 键确认。

（5）在"属性"选项组中单击"边框"按钮 ▭，切换到有关边框的 CSS 属性，如图 7-17 所示。根据需要添加属性，如图 7-18 所示。

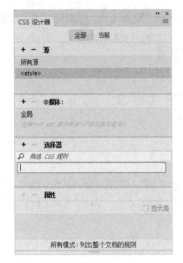

图 7-14

图 7-15

图 7-16

图 7-17

图 7-18

7.2.2 应用 CSS 样式

创建自定义样式后，还要为不同的网页元素应用不同的样式，其具体操作步骤如下。

（1）在文档窗口中选择网页元素。

（2）根据选择器类型使用不同的应用方法。

类选择器的应用方法如下。

① 在"属性"面板的"类"下拉列表中选择某自定义样式。

② 在文档窗口左下方的标签上单击鼠标右键，在弹出的菜单中选择"设置类"，在其子菜单中选择某自定义样式选项。在弹出的菜单中选择"设置类 > 无"选项，可以撤销样式的应用。

ID 选择器的应用方法如下。

① 在"属性"面板的"ID"下拉列表中选择某自定义样式。

② 在文档窗口左下方的标签上单击鼠标右键，在弹出的菜单中选择"设置 ID"，在其子菜单中选择某自定义样式选项。在弹出的菜单中选择"设置 ID > 无"选项，可以撤销样式的应用。

7.2.3 创建和附加外部样式

如果不同网页的不同网页元素需要同一样式，则可通过附加外部样式来实现。首先创建一个外部样式，然后在不同网页的不同 HTML 元素中附加定义好的外部样式。

1. 创建外部样式

（1）调出"CSS 设计器"面板。

（2）在"CSS 设计器"面板中单击"源"选项组中的"添加 CSS 源"按钮 ✚，在弹出的菜单中选择"创建新的 CSS 文件"选项，如图 7-19 所示，弹出"创建新的 CSS 文件"对话框，如图 7-20 所示。

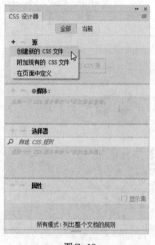

图 7-19   图 7-20

（3）单击"文件/URL"选项右侧的"浏览…"按钮，弹出"将样式表文件另存为"对话框，在"文件名"文本框中输入自定义样式的文件名，如图 7-21 所示。单击"保存"按钮，返回到"创建新的 CSS 文件"对话框中，如图 7-22 所示。

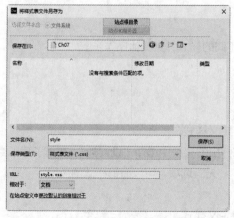

图 7-21   图 7-22

（4）单击"确定"按钮，完成外部样式的创建。刚创建的外部样
式会出现在"CSS 设计器"面板的"源"选项组中，如图 7-23 所示。

2. 附加外部样式

不同网页的不同 HTML 元素可以附加相同的外部样式，具体操作
步骤如下。

（1）在文档窗口中选择网页元素。

（2）通过以下几种方法启动"使用现有的 CSS 文件"对话框，如
图 7-24 所示。

① 选择"文件 > 附加样式表"命令。

② 选择"工具 > CSS > 附加样式表"命令。

③ 在"CSS 设计器"面板中单击"源"选项组中的"添加 CSS
源"按钮 ，在弹出的菜单中选择"附加现有的 CSS 文件"选项，如
图 7-25 所示。

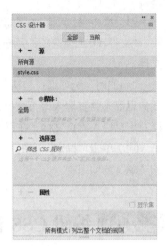

图 7-23

图 7-25

图 7-24

（3）单击"文件/URL"选项右侧的"浏览..."按钮，在弹出的"选择样式表文件"对话框中选择
CSS 样式文件，如图 7-26 所示。单击"确定"按钮，返回到"使用现有的 CSS 文件"对话框中，选
择"添加为："选项组中的"导入"单选项，如图 7-27 所示。

图 7-26

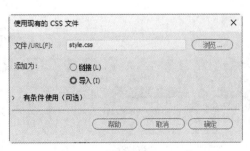

图 7-27

对话框中各选项的作用如下。

"文件/URL"选项：用于通过直接输入外部样式文件名，或单击"浏览..."按钮选择外部样式文件。

"添加为"选项组：包括"链接"和"导入"两个选项。选择"链接"选项表示传递外部 CSS 样式信息而不将其导入网页文档，在页面代码中生成<link>标签；选择"导入"选项表示将外部 CSS 样式信息导入网页文档，在页面代码中生成<@Import>标签。

（4）单击"确定"按钮，完成外部样式的附加。刚附加的外部样式会出现在"CSS 设计器"面板的"源"选项组中。

7.3 编辑 CSS 样式

网站设计者有时需要修改应用于文档的内部样式和外部样式，如果修改内部样式，则会自动重新设置受它控制的所有 HTML 对象的格式；如果修改外部样式文件，则会自动重新设置与它链接的所有 HTML 文档。

编辑 CSS 样式有以下几种方法。

① 先在"CSS 设计器"面板的"选择器"选项组中选中某样式，然后在"属性"选项组中根据需要设置 CSS 属性，如图 7-28 所示。

② 在"属性"面板中单击"编辑规则"按钮，如图 7-29 所示，弹出".text的 CSS 规则定义"对话框，如图 7-30 所示，最后根据需要设置 CSS 属性，单击"确定"按钮完成设置。

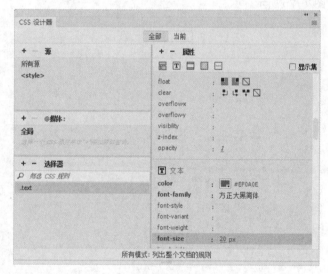

图 7-28

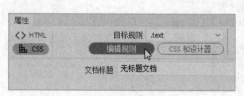

图 7-29

图 7-30

7.4 CSS 的属性

CSS 样式可以控制网页元素的外观，如定义字体、颜色、边距等，这些都是通过设置 CSS 样式的属性来实现的。CSS 样式属性有很多种，包括"布局""文本""边框"和"背景"等，用于设定不同网页元素的外观。下面分别进行介绍。

7.4.1 布局属性

"布局"选项组用于控制网页中块元素的大小、边距、填充和位置属性等，如图 7-31 所示。

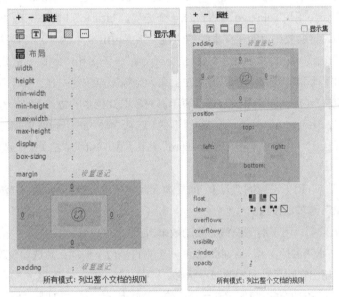

图 7-31

"布局"选项组中包括以下 CSS 属性。

"width"（宽）和"height"（高）选项：用于设置元素的宽度和高度，使块元素的宽度不受它所包含内容的影响。

"min-width"（最小宽度）和"min-height"（最小高度）选项：用于设置元素的最小宽度和最小高度。

"max-width"（最大宽度）和"max-height"（最大高度）选项：用于设置元素的最大宽度和最大高度。

"display"（显示）选项：用于指定是否及如何显示元素。"none"（无）选项表示隐藏应用此属性的元素。

"box-sizing"（盒模型）选项：用于设置以某种方式定义某些元素，以适应指定区域，包括"content-box"（标准模型）、"border-box（怪异模型）"和"inherit（继承）" 3 个选项。其中，"content-box"（标准模型）选项表示宽度和高度分别应用到元素的内容框，"border-box"（怪异模型）选项表示为元素设定的宽度和高度决定了元素的边框盒，"inherit"（继承）选项表示应从父元素继承 box-sizing 属性的值。

"margin"（边界）选项组：用于控制块元素四周的边距大小，包括"margin-top"（上）、"margin-bottom"（下）、"margin-right"（右）和"margin-left"（左）4 个选项。若单击"单击以更改所有属性"按钮，则可为块元素四周设置相同的边距；否则可为块元素四周设置不同的边距。

"padding"（填充）选项组：用于控制元素内容与盒子边框的间距，包括"padding-top"（上）、"padding-bottom"（下）、"padding-right"（右）和"padding-left"（左）4 个选项。若单击"单击以更改所有属性"按钮，则可为块元素的各个边设置相同的填充效果；否则可为块元素的各个边设置不同的填充效果。

"position"（类型）选项：用于确定定位的类型，其下拉列表中包括"static"（静态）、"absolute"（绝对）、"fixed"（固定）和"relative"（相对）4 个选项。"static"（静态）选项表示以对象在文档中的位置为坐标原点，将层放在对象在文本中的位置；"absolute"（绝对）选项表示以页面左上角为坐标原点，使用在"top"（上）、"right"（右）、"bottom"（下）和"left"（左）选项中输入的坐标值来放置层；"fixed"（固定）选项表示以页面左上角为坐标原点放置内容，当用户滚动页面时，内容将在此位置保持固定；"relative"（相对）选项表示以对象在文档中的位置为坐标原点，使用在"top"（上）、"right"（右）、"bottom"（下）和"left"（左）选项中输入的坐标值来放置层。确定定位类型后，可通过"top"（上）、"right"（右）、"bottom"（下）和"left"（左）4 个选项来确定元素在网页中的具体位置。

"float"（浮动）选项：用于设置网页元素（如文本、层、表格等）的浮动效果。IE 浏览器和 Netscape 浏览器都支持"float"选项的设置。

"clear"（清除）选项：用于清除设置的浮动效果。

"overflow-x"（水平溢位）和"overflow-y"（垂直溢位）选项：此选项仅限于 CSS 层使用，用于确定当层的内容超出它的尺寸时层的显示状态。其中，"visible"（可见）选项表示当层的内容超出层的尺寸时，层向右下方扩展以增加层的大小，使层内的所有内容均可见；"hidden"（隐藏）选项表示保持层的大小并剪辑层内任何超出层尺寸的内容；"scroll"（滚动）选项表示不论层的内容是否超出层的边界都在层内添加滚动条；"scroll"（滚动）选项不显示在文档窗口中，并且仅适用于支持滚动条的浏览器；"auto"（自动）选项表示滚动条仅在层的内容超出层的边界时才显示；"auto"（自动）选项不显示在文档窗口中。

"visibility"（显示）选项：用于确定层的初始显示状态，包括"inherit"（继承）、"visible"（可见）、"hidden"（隐藏）和"collapse"（合并）4 个选项。"inherit"（继承）选项表示继承父级层的可见性属性。如果层没有父级层，则它将是可见的。"visible"（可见）选项表示无论父级层如何设置，都显示该层的内容。"hidden"（隐藏）选项表示无论父级层如何设置，都隐藏层的内容。如果不设置"visibility"（显示）选项，则默认情况下在大多数浏览器中层都继承父级层的属性。

"z-index"（z 轴）选项：用于确定层的堆叠顺序，为元素设置重叠效果。编号较大的层显示在编号较小的层的上面。该选项使用整数，可以为正，也可以为负。

"opacity"（不透明度）选项：用于设置元素的不透明度，取值范围为 0~1，当值为 0 时表示元素完全透明，当值为 1 时表示元素完全不透明。

7.4.2　文本属性

"文本"选项组用于控制网页中文字的字体、字号、颜色、行距、首行缩进、对齐方式、文本阴影和列表属性等，如图 7-32 所示。

图 7-32

"文本"选项组包括以下 CSS 属性。

"color"（颜色）选项：用于设置文本的颜色。

"font-family"（字体）选项：用于为文字设置字体。

"font-style"（样式）选项：用于指定字体的风格为"normal"（正常）、"italic"（斜体）或"oblique"（偏斜体）。默认设置为"normal"（正常）。

"font-variant"（变体）选项：用于将正常文本尺寸缩小一半后大写显示，IE 浏览器不支持该选项。Dreamweaver CC 2018 不在文档窗口中显示该选项。

"font-weight"（粗细）选项：用于为字体设置粗细效果。它包含"normal"（正常）、"bold"（粗体）、"bolder"（特粗）、"lighter"（细体）选项和多个具体粗细值选项。通常"normal"（正常）选项等于 400 像素，"bold"（粗体）选项等于 700 像素。

"font-size"（大小）选项：用于定义文本的大小。可在选项右侧的下拉列表中选择度量单位并输入具体数值。一般以像素为单位，因为它可以有效地防止浏览器破坏文本的显示效果。

"line-height"（行高）选项：用于设置文本所在行的行高度。可在选项右侧的下拉列表中选择度量单位并输入具体数值。若选择"normal"（正常）选项，则自动计算字体大小以适应行高。

"text-align"（文本对齐）选项：用于设置区块文本的对齐方式，包括"left"（左对齐）按钮▤、"center"（居中）按钮▤、"right"（右对齐）按钮▤和"justify"（两端对齐）按钮▤ 4 个按钮。

"text-decoration"（修饰）选项组：用于控制链接文本的显示形态，包括"none"（无）按钮◻、"underline"（下划线）按钮Ｔ、"overline"（上划线）按钮Ｔ、"line-through"（删除线）按钮Ｔ 4 个按钮。文本的默认设置是"none"（无），链接的默认设置为"underline"（下划线）。

"text-indent"（文字缩进）选项：用于设置区块文本的缩进程度。若要让区块文本突出显示，则该选项值为负值，但显示效果主要取决于浏览器。

"text-shadow"（文本阴影）选项：用于设置文本阴影效果，可以为文本添加一个或多个阴影效果。"h-shadow"（水平阴影位置）选项用于设置阴影的水平位置。"v-shadow"（垂直阴影位置）选项用于设置阴影的垂直位置。"blur"（模糊）选项用于设置阴影的边缘模糊效果。"color"（颜色）选项用于设置阴影的颜色。

"text-transform"（大小写）选项：用于将选定内容中每个单词的首字母大写，或将文本设置为全部大写或小写。它包括 "none"（无）按钮、"capitalize"（首字母大写）按钮、"uppercase"（大写）按钮和 "lowercase"（小写）按钮 4 个按钮。

"letter-spacing"（字母间距）选项：用于设置字母的间距。若要减小字母间距，则可以将该选项值设置为负值。IE 浏览器 4.0 或更高版本及 Netscape Navigator 浏览器 6.0 版本支持该选项。

"word-spacing"（单词间距）选项：用于设置单词的间距。若要减小单词间距，则可以将该选项值设置为负值，但其显示效果取决于浏览器。

"white-space"（空格）选项：用于控制元素中空格的输入，包括 "normal"（正常）、"nowrap"（不换行）、"pre"（保留）、"pre-line"（保留换行符）和 "pre-wrap"（保留换行）5 个选项。

"vertical-align"（垂直对齐）选项：用于控制文字或图像相对于其母体元素的垂直位置。若将图像同其母体元素文字的顶部垂直对齐，则该图像将在该行文字的顶部显示。该选项包括 "baseline"（基线）、"sub"（下标）、"super"（上标）、"top"（顶部）、"text-top"（文本顶对齐）、"middle"（中线对齐）、"bottom"（底部）和 "text-bottom"（文本底对齐）8 个选项和多个单位选项。"baseline"（基线）选项表示将元素的基准线同母体元素的基准线对齐；"top"（顶部）选项表示将元素的顶部同最高的母体元素对齐；"bottom"（底部）选项表示将元素的底部同最低的母体元素对齐；"sub"（下标）选项表示将元素以下标形式显示；"super"（上标）选项表示将元素以上标形式显示；"text-top"（文本顶对齐）选项表示将元素顶部同母体元素文字的顶部对齐；"middle"（中线对齐）选项表示将元素中心线同母体元素文字的中心线对齐；"text-bottom"（文本底对齐）选项表示将元素底部同母体元素文字的底部对齐。

"list-style-position"（位置）选项：用于描述列表的位置，包括 "inside"（内）按钮和 "outside"（外）按钮两个按钮。

"list-style-image"（项目符号图像）选项：用于为项目符号指定自定义图像，包括 "url"（链接）和 "none"（无）两个选项。

"list-style-type"（类型）选项：用于设置项目符号或编号的外观。其下拉列表中有 21 个选项，其中比较常用的有 "disc"（圆点）、"circle"（圆圈）、"square"（方块）、"decimal"（数字）、"lower-roman"（小写罗马数字）、"upper-roman"（大写罗马数字）、"lower-alpha"（小写字母）、"upper-alpha"（大写字母）和 "none"（无）等。

7.4.3　边框属性

"边框"选项组用于控制块元素边框的粗细、样式、颜色及圆角，如图 7-33 所示。

"边框"选项组包括以下 CSS 属性。

"border"（边框）选项：用于以速记的方法设置所有边框的粗细、

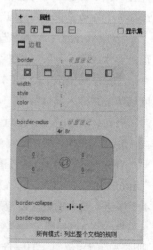

图 7-33

样式及颜色。如果需要对单个边框或多个边框进行自定义，可以单击"border"选项下方的"所有边"按钮▣、"顶部"按钮▣、"右侧"按钮▣、"底部"按钮▣、"左侧"按钮▣，切换到相应的属性。通过"width"（宽度）、"style"（样式）和"color"（颜色）3 个属性来设置边框的显示效果。

　　"width"（宽度）选项：用于设置块元素边框线的粗细，其下拉列表中包括"thin"（细）、"medium"（中）、"thick"（粗）3 个选项和多个单位选项。

　　"style"（样式）选项：用于设置块元素边框线的样式，其下拉列表中包括"none"（无）、"dotted"（点划线）、"dashed"（虚线）、"solid"（实线）、"double"（双线）、"groove"（槽状）、"ridge"（脊状）、"inset"（凹陷）、"outset"（凸出）和"hidden"（隐藏）10 个选项。

　　"color"（颜色）选项：用于设置块元素边框线的颜色。

　　"border-radius"（圆角）选项：用于以速记的方法设置所有边角的半径（r）。如设置速记为"10 px"，表示所有边角的半径均为 10 px。如果需要设置单个边角的半径，则可直接在相应的边角处输入数值，如图 7-34 所示。

　　4r：单击此按钮，边角的半径以 4r 的方式输入，如图 7-35 所示。

　　8r：单击此按钮，边角的半径以 8r 的方式输入，如图 7-36 所示。

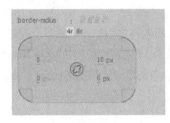　　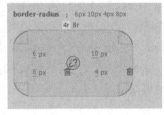　　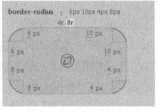

　　图 7-34　　　　　　　　　　图 7-35　　　　　　　　　　图 7-36

　　"border-collapse"（边框折叠）选项：用于设置边框是否折叠为单一边框显示，包括"collapse"（合并）按钮┥┝和"separate"（分离）按钮┥┝两个按钮。

　　"border-spacing"（边框空间）选项：用于设置两个相邻边框之间的距离。该选项仅用于"border-collapse"选项为"separate"时。

7.4.4　背景属性

　　"背景"选项组用于在网页元素后加入背景图像或背景颜色，如图 7-37 所示。

　　"背景"选项组包括以下 CSS 属性。

　　"background-color"（背景颜色）选项：用于设置网页元素的背景颜色。

　　"background-image"（背景图像）选项：用于设置网页元素的背景图像。

图 7-37

　　"background-position"（背景位置）选项：用于设置背景图像相对于元素的初始位置，包括"left"（左对齐）、"right"（右对齐）、"center"（居中）、"top"（顶部）、"bottom"（底部）和"center"（居中）6 个选项和多个单位选项。该选项可用于将背景图像与页面中心垂直对齐和水平对齐。

"background-size"（背景尺寸）选项：用于设置背景图像的宽度和高度从而确定背景图像的大小。

"background-clip"（背景剪辑）选项：用于设置背景的绘制区域，包括 "padding-box"（剪辑内边距）、"border-box"（剪辑边框）、"content-box"（剪辑内容框）3 个选项。

"background-repeat"（背景重复）选项：用于设置背景图像的平铺方式，包括 "repeat"（重复）按钮 ▦、"repeat-x"（横向重复）按钮 ▬、"repeat-y"（纵向重复）按钮 ▮ 和 "no- repeat"（不重复）按钮 ▪ 4 个按钮。若单击 "repeat"（重复）按钮 ▦，则在元素的后面水平或垂直平铺图像；若单击 "repeat-x"（横向重复）按钮 ▬ 或 "repeat-y"（纵向重复）按钮 ▮，则在元素的后面沿水平方向平铺图像或沿垂直方向平铺图像，此时图像被剪辑以适合元素的边界；若单击 "no-repeat"（不重复）按钮 ▪，则在元素开始处按原图大小显示一次图像。

"background-origin"（背景原点）选项：用于设置 "background-position" 选项以哪种方式进行定位，包括 "padding-box"（剪辑内边距）、"border-box"（剪辑边框）、"content-box"（剪辑内容框）3 个选项。当 "background-attachment" 选项为 "fixed" 时，该属性无效。

"background-attachment"（背景滚动）选项：用于设置背景图像为固定的或随页面内容的移动而移动，包括 "scroll"（滚动）和 "fixed"（固定）两个选项。

"box-shadow（方框阴影）"选项：用于设置方框阴影效果，可为方框添加一个或多个阴影。通过 "h-shadow"（水平阴影位置）和 "v-shadow"（垂直阴影位置）选项设置阴影的水平和垂直位置；"blur"（模糊）选项设置阴影的边缘模糊效果；"color"（颜色）选项设置阴影的颜色；"inset"（插入）选项设置是外部阴影还是内部阴影。

7.4.5 课堂案例——山地车网页

【案例学习目标】使用 CSS 设置文字的样式。

【案例知识要点】使用 "表格" 按钮，插入表格效果；使用 "CSS 样式" 命令，设置翻转效果的链接，如图 7-38 所示。

图 7-38

【效果所在位置】云盘/Ch07/效果/山地车网页/index.html。

1. 插入表格并输入文字

（1）选择"文件 > 打开"命令，在弹出的"打开"对话框中，选择云盘中的"Ch07 > 素材 > 山地车网页 > index.html"文件，单击"打开"按钮打开文件，如图 7-39 所示。将光标置入图 7-40 所示的单元格中。

图 7-39   图 7-40

（2）在"插入"面板的"HTML"选项卡中单击"Table"按钮 ▦，在弹出的"Table"对话框中进行设置，如图 7-41 所示，单击"确定"按钮完成表格的插入，效果如图 7-42 所示。

图 7-41   图 7-42

（3）在"属性"面板的"表格"选项文本框中输入"Nav"，如图 7-43 所示。在单元格中分别输入文字，如图 7-44 所示。

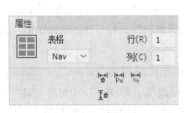

图 7-43   图 7-44

（4）选中文字"图片新闻"，如图 7-45 所示，在"属性"面板的"链接"选项文本框中输入"#"，为文字制作空链接效果，如图 7-46 所示。用相同的方法为其他文字添加链接，效果如图 7-47 所示。

<table>
<tr><td>图 7-45</td><td>图 7-46</td><td>图 7-47</td></tr>
</table>

2. 设置 CSS 属性

（1）选择"窗口 > CSS 设计器"命令，弹出"CSS 设计器"面板。单击"源"选项组中的"添加 CSS 源"按钮，在弹出的菜单中选择"创建新的 CSS 文件"选项，弹出"创建新的 CSS 文件"对话框，如图 7-48 所示，单击"文件/URL(F)"选项右侧的"浏览"按钮，弹出"将样式表文件另存为"对话框，在"文件名"选项文本框中输入"style"，如图 7-49 所示。单击"保存"按钮，返回到"创建新的 CSS 文件"对话框中，单击"确定"按钮，完成样式的创建。

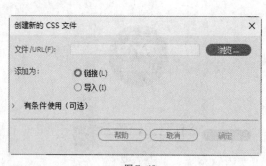

图 7-48

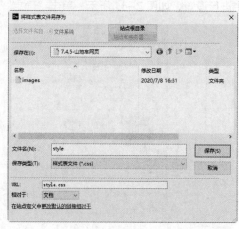

图 7-49

（2）单击"选择器"选项组中的"添加选择器"按钮，在"选择器"选项组中出现文本框，输入名称"#Nav a:link, #Nav a:visited"，按 Enter 键确认输入，如图 7-50 所示。在"属性"选项组中单击"文本"按钮，切换到文本属性，将"color"设为黑色（#000），"font-size"设为 14 px，单击"text-indent"选项右侧的"center"按钮，"text-decoration"选项右侧的"none"按钮，如图 7-51 所示；单击"背景"按钮，切换到背景属性，将"background-color"设为灰白色（#f2f2f2），如图 7-52 所示。

（3）单击"布局"按钮，切换到布局属性，将"display"设为"block"，"padding"设为 4 px，如图 7-53 所示；单击"边框"按钮，切换到边框属性，单击"border"选项下方的"全部"按钮，将"width"设为 2 px，"style"设为"solid"，"color"设为白色（#FFF），如图 7-54 所示。

图 7-50

图 7-51

图 7-52

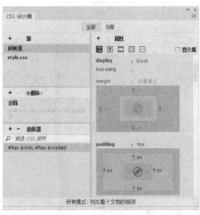

图 7-53

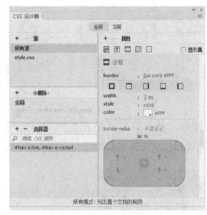

图 7-54

（4）单击"选择器"选项组中的"添加选择器"按钮➕，在"选择器"选项组中出现文本框，输入名称"#Nav a:hover"，按 Enter 键确认输入，如图 7-55 所示。在"属性"选项组中单击"背景"按钮▨，切换到背景属性，将"background-color"设为白色（#FFF），如图 7-56 所示；单击"布局"按钮▦，切换到布局属性，将"margin"设为 2 px，"padding"设为 2 px，如图 7-57 所示。

图 7-55

图 7-56

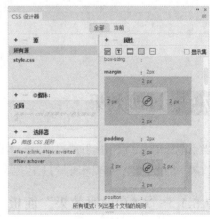

图 7-57

（5）单击"边框"按钮 ，切换到边框属性，单击"border"选项下方的"顶部"按钮 ，将"width"设为 1 px，"style"设为"solid"，"color"设为蓝色（#29679C），如图 7-58 所示。用相同的方法设置左边线样式，如图 7-59 所示；单击"文本"按钮 ，切换到文本属性，单击"text-decoration"选项右侧的"underline"按钮 ，如图 7-60 所示。

图 7-58

图 7-59

图 7-60

（6）保存文档，按 F12 键预览效果，如图 7-61 所示。当鼠标指针滑过导航按钮时，背景和边框颜色改变，效果如图 7-62 所示。

图 7-61

图 7-62

7.5 过渡效果

当用鼠标单击、鼠标指针滑过或对元素进行任何改变时可以触发 CSS 过渡效果，可以使用"CSS 过渡效果"面板创建、编辑和删除过渡效果，并允许 CSS 属性值在一定时间区间内平滑地过渡。

7.5.1 "CSS 过渡效果"面板

在"CSS 过渡效果"面板中可以新建、删除和编辑 CSS 过渡效果，如图 7-63 所示。

图 7-63

"新建过渡效果"按钮➕：单击此按钮，可以创建新的过渡效果。

"删除选定的过渡效果"按钮➖：单击此按钮，可以将选定的过渡效果删除。

"编辑所选过渡效果"按钮✏️：单击此按钮，可以在弹出的"编辑过渡效果"对话框中修改所选的过渡属性。

7.5.2 创建 CSS 过渡效果

在创建 CSS 过渡效果时，需要为元素指定过渡效果类。如果在创建效果类之前已选择元素，则过渡效果类会自动应用于选定的元素。

建立 CSS 过渡效果的操作步骤如下。

（1）新建或打开一个文档。

（2）选择"窗口 > CSS 过渡效果"命令，弹出"CSS 过渡效果"面板，如图 7-64 所示。

（3）单击"新建过渡效果"按钮➕，弹出"新建过渡效果"对话框，如图 7-65 所示。

图 7-64

图 7-65

"目标规则"选项：用于选择或输入所要创建的过渡效果的类型。

"过渡效果开启"选项：用于设置过渡效果以哪种类型触发。

"对所有属性使用相同的过渡效果"选项：选择此项，各属性的"持续时间""延迟"和"计时功能"选项的值相同。

"对每个属性使用不同的过渡效果"选项：选择此项，可以将各属性的"持续时间""延迟"和"计时功能"选项设置为不同的值。

"属性"选项：用于添加属性。单击"属性"选项下方的➕按钮，可以在弹出的菜单中选择需要的属性。

"结束值"选项：用于设置添加的属性值。

"选择过渡的创建位置"选项：用于设置过渡效果所保存的位置，包括"（仅限该文档）"和"（新建样式表文件）"两个选项。

（4）设置好选项后，单击"创建过渡效果"按钮，完成过渡效果的创建，"CSS 过渡效果"面板中自动生成创建的过渡效果。

（5）在 Dreamweaver CC 2019 中看不到过渡的真实效果，只有在浏览器中才能看到真实效果。保存文档，按 F12 键预览效果。

7.5.3　课堂案例——足球运动网页

【案例学习目标】使用"CSS 过渡效果"命令，制作过渡效果。

【案例知识要点】使用"CSS 设计器"面板，设置文字的字体、颜色；使用"CSS 过渡效果"面板，设置文字的变色效果，如图 7-66 所示。

【效果所在位置】云盘/Ch07/效果/足球运动网页/index.html。

（1）选择"文件 > 打开"命令，在弹出的"打开"对话框中，选择云盘中的"Ch07 > 素材 > 足球运动网页 > index.html"文件，单击"打开"按钮打开文件，效果如图 7-67 所示。

图 7-66　　　　　　　　　　　　　　　图 7-67

（2）选择"窗口 > CSS 设计器"命令，弹出"CSS 设计器"面板。单击"选择器"选项组中的"添加选择器"按钮 ✚ ，在"选择器"选项组中出现文本框，输入名称".text"，按 Enter 键确认输入，如图 7-68 所示。在"属性"选项组中单击"文本"按钮 **T** ，切换到文本属性，将"color"设为白色（#FFFFFF），"font-family"设为"ITC Franklin Gothic Heavy"，"font-size"设为 48 px，如图 7-69 所示。

图 7-68　　　　　　　　　　　　　　　图 7-69

（3）选中图 7-70 所示的文字，在"属性"面板"类"选项的下拉列表中选择"text"选项，应用样式，效果如图 7-71 所示。

图 7-70　　　　　　　　　　　　　　　　　　　　　　　图 7-71

（4）选择"窗口 > CSS 过渡效果"命令，弹出"CSS 过渡效果"面板，如图 7-72 所示。单击"新建过渡效果"按钮，弹出"新建过渡效果"对话框，如图 7-73 所示。

图 7-72　　　　　　　　　　　　　　　　　　　　　　　图 7-73

（5）在"目标规则"选项的下拉列表中选择".text"选项，"过渡效果开启"选项的下拉列表中选择"hover"选项，将"持续时间"设为 2 s，"延迟"设为 1 s，如图 7-74 所示；单击"属性"选项下方的按钮，在弹出的菜单中选择"color"选项，将"结束值"设为红色（#FF0004），如图 7-75 所示，单击"创建过渡效果"按钮，完成过渡效果的创建。

图 7-74　　　　　　　　　　　　　　　　　　　　　　　图 7-75

（6）在 Dreamweaver CC 中看不到过渡的真实效果，只有在浏览器的状态下才能看到真实效果。保存文档，按 F12 键预览效果，如图 7-76 所示。当鼠标指针悬停在文字上时，文字延迟 1 s 变为红色，如图 7-77 所示。

图 7-76　　　　　　　　　　　　　　　　　　　　　　图 7-77

课堂练习——葡萄酒网页

【练习知识要点】使用"CSS 设计器"面板，改变文字的大小和行距，如图 7-78 所示。

图 7-78

【效果所在位置】云盘/Ch07/效果/葡萄酒网页/index.html。

课后习题——布艺沙发网页

【习题知识要点】使用"CSS 过渡效果"面板，制作超链接变化效果，如图 7-79 所示。

图 7-79

【效果所在位置】云盘/Ch07/效果/布艺沙发网页/index.html。

第 8 章
模板和库

模板的功能就是把网页布局和内容分离，在布局设计好之后将其保存为模板。这样，相同的布局页面可以通过模板来创建，因此能够极大地提高工作效率。本章主要讲解模板和库的创建方法和应用技巧。通过这些内容的学习，学生可以使网站的更新、维护工作变得更加轻松。

课堂学习目标

✔ 掌握创建和编辑模板的方法
✔ 掌握管理模板的方法
✔ 掌握创建库的方法
✔ 掌握向页面添加库项目的方法

8.1 模板

使用模板创建文档可以使网站和网页具有统一的风格和外观，如果有好几个网页想要用同一风格来制作，用"模板"绝对是最有效的，并且也是最快捷的方法。模板实质上就是创建其他文档的基础文档。

8.1.1 创建空模板

创建空白模板有以下几种方法。

① 在打开的文档窗口中单击"插入"面板"模板"选项卡中的"创建模板"按钮 ，将当前文档转换为模板文档。

② 在"资源"面板中单击"模板"按钮 ，此时列表为模板列表，如图 8-1 所示。然后单击下方的"新建模板"按钮 ，创建空模板，此时新的模板添加到"资源"面板的"模板"列表中，为该模板输入名称，如图 8-2 所示。

图 8-1

图 8-2

③ 在"资源"面板的"模板"列表中单击鼠标右键，在弹出的菜单中选择"新建模板"命令。

8.1.2 创建可编辑区域

插入可编辑区域的具体操作步骤如下。

（1）打开文件，如图 8-3 所示。

（2）将光标放置在要插入可编辑区域的位置，在"插入"面板的"模板"选项卡中，单击"可编辑区域"按钮，弹出"新建可编辑区域"对话框，在"名称"文本框中输入可编辑区域的名称，如图 8-4 所示。

图 8-3

图 8-4

（3）单击"确定"按钮，在网页中即可插入可编辑区域，如图 8-5 所示。

（4）选择"文件 > 另存为模板"命令，弹出"另存模板"对话框，在对话框中的"另存为"文本框中输入模板的名称，在"站点"右侧的下拉列表中选择保存的站点，如图 8-6 所示。

图 8-5

图 8-6

（5）单击"保存"按钮，即可将该文件保存为模板。

8.1.3　管理模板

1. 删除模板

若要删除模板文件，具体操作步骤如下。

（1）在"资源"面板中选择面板左侧的"模板"按钮 。

（2）单击模板的名称以选择该模板。

（3）单击面板底部的"删除"按钮 🗑，然后确认要删除该模板。

> **提示**
>
> 一旦删除模板文件，就无法对其进行检索，该模板文件将从站点中删除。

2. 修改模板文件

当更改模板时，Dreamweaver CC 2019 将提示更新基于该模板的文档，具体操作步骤如下。

（1）在"资源"面板中，选择面板左侧的"模板"按钮 。

（2）在可用模板列表中，执行下列操作之一。

① 单击要编辑的模板名称。

② 选择要编辑的模板，然后单击面板底部的"编辑"按钮 ✏。

③ 模板在文档窗口中打开。

（3）根据需要修改模板的内容。

> **提示**
>
> 若要修改模板的页面属性，选择"文件 > 页面属性"命令（基于模板的文档将继承该模板的页面属性）。

（4）保存该模板。

（5）单击"更新"按钮，更新基于修改后的模板的所有文档；如果不想更新基于修改后的模板文档，则单击"不更新"按钮。

8.1.4　课堂案例——慕斯蛋糕店网页

【案例学习目标】使用"模板"选项卡中的按钮创建模板网页效果。

【案例知识要点】使用"创建模板"按钮创建模板；使用"可编辑区域"按钮制作可编辑区域效果，如图 8-7 所示。

【效果所在位置】云盘/Templates/musi.dwt。

1. 创建模板

（1）选择"文件 > 打开"命令，在弹

图 8-7

出的"打开"对话框中，选择云盘中的"Ch08 > 素材 > 慕斯蛋糕店网页 > index.html"文件，单击"打开"按钮，打开文件，如图 8-8 所示。

（2）单击"插入"面板"模板"选项卡中的"创建模板"按钮 ▢，在弹出的"另存模板"对话框中进行设置，如图 8-9 所示。单击"保存"按钮，弹出"Dreamweaver"提示对话框，如图 8-10 所示。单击"是"按钮，将当前文档转换为模板文档，文档名称也随之改变，如图 8-11 所示。

图 8-8

图 8-9

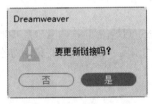

图 8-10

图 8-11

2. 创建可编辑区域

（1）选中图 8-12 所示的图片，单击"插入"面板"模板"选项卡中的"可编辑区域"按钮 ▢，弹出"新建可编辑区域"对话框，在"名称"选项的文本框中输入名称，如图 8-13 所示，单击"确定"按钮创建可编辑区域，如图 8-14 所示。

图 8-12

图 8-13

图 8-14

（2）选中图 8-15 所示的图片，单击"插入"面板"模板"选项卡中的"可编辑区域"按钮 ▢，弹出"新建可编辑区域"对话框，在"名称"选项的文本框中输入名称，如图 8-16 所示。单击"确定"按钮创建可编辑区域，如图 8-17 所示。模板网页效果制作完成。

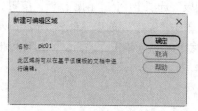

图 8-15　　　　　　　　　　图 8-16　　　　　　　　　　图 8-17

8.2　库

Dreamweaver 允许把网站中需要重复使用或要经常更新的页面元素（如图像、文本或其他对象）存入库中，存入库中的元素都被称为库项目。

8.2.1　创建库文件

库项目可以包含文档<body>部分中的任意元素，包括文本、表格、表单、Java applet、插件、ActiveX 元素、导航条、图像等。库项目只是一个对网页元素的引用，原始文件必须保存在指定的位置上。

1. 基于选定内容创建库项目

先在文档窗口中选择要创建为库项目的网页元素，然后创建库项目，并为新的库项目输入一个名称。

创建库项目有以下几种方法。

① 单击"库"面板底部的"新建库项目"按钮 。

② 在"库"面板中单击鼠标右键，在弹出的菜单中选择"新建库项目"命令。

③ 选择"工具 > 库 > 增加对象到库"命令。

2. 创建空白库项目

创建空白库项目的具体操作步骤如下。

（1）确保没有在文档窗口中选择任何内容。

（2）选择"窗口 > 资源"命令，弹出"资源"面板。单击"库"按钮 ，进入"库"面板。

（3）单击"库"面板底部的"新建库项目"按钮 ，会在库列表中增加一个新项目。

8.2.2　向页面添加库项目

向页面添加库项目时，会将实际内容及对该库项目的引用一起插入到文档中。此时，无需提供原项目就可以正常显示。在页面中插入库项目的具体操作步骤如下。

（1）将插入点放在文档窗口中的合适位置。

（2）选择"窗口 > 资源"命令，弹出"资源"面板。单击左侧的"库"按钮 ，进入"库"面板。

将库项目插入到网页中有以下几种方法。

① 将一个库项目从"库"面板拖曳到文档窗口中。

② 在"库"面板中选择一个库项目，然后单击面板底部的"插入"按钮 (插入)。

8.2.3　课堂案例——鲜果批发网页

【案例学习目标】把常用的图像、文字和表格注册到库中。

【案例知识要点】使用"库"面板添加库项目；使用库中注册的项目制作网页文档，如图 8-18 所示。

【效果所在位置】云盘/Ch08/效果/鲜果批发网页/ index.html。

1. 把经常用的图标注册到库中

（1）选择"文件 > 打开"命令，在弹出的对话框中选择"Ch08 > 素材 > 鲜果批发网页 > index.html"文件，单击"打开"按钮，效果如图 8-19 所示。

图 8-18

图 8-19

（2）选择"窗口 > 资源"命令，打开"资源"面板，单击左侧的"库"按钮 📖 ，进入"库"面板，如图 8-20 所示。选中图 8-21 所示的图片，单击"库"面板下方的"新建库项目"按钮 🗐 ，将选定的图像创建为库项目，如图 8-22 所示。

图 8-20

图 8-21

图 8-22

（3）在可输入状态下，将其重命名为"xg-logo"，按 Enter 键确认输入，弹出"更新文件"对话框，如图 8-23 所示，单击"更新"按钮，"库"面板如图 8-24 所示。

图 8-23

图 8-24

（4）选中图 8-25 所示的表格，单击"库"面板下方的"新建库项目"按钮 📷 ，弹出"Dreamweaver"提示对话框，如图 8-26 所示；单击"确定"按钮，将选定的表格创建为库项目。

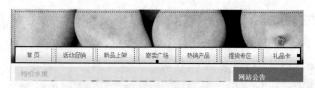

图 8-25

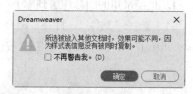

图 8-26

（5）在可输入状态下，将其重命名为"xg-daohang"，按 Enter 键确认输入，在弹出的"更新文件"对话框中单击"更新"按钮，效果如图 8-27 所示，"库"面板如图 8-28 所示。

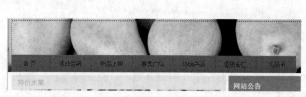

图 8-27

图 8-28

（6）选中图 8-29 所示的文字，单击"库"面板下方的"新建库项目"按钮 📷 ，将选定的文字创建为库项目。在可输入状态下，将其重命名为"xg-text"，按 Enter 键确认输入，在弹出的"更新文件"对话框中单击"更新"按钮，效果如图 8-30 所示。

图 8-29   图 8-30

2. 利用库中注册的项目制作网页文档

（1）选择"文件 > 打开"命令，在弹出的"打开"对话框中，选择云盘中的"Ch08 > 素材 > 鲜果批发网页 > lipinka.html"文件，单击"打开"按钮，效果如图 8-31 所示。将光标置入图 8-32 所示的单元格中。

图 8-31　　　　　　　　　　　　　　　　　　图 8-32

（2）选中"库"面板中的"xg-logo"选项，如图 8-33 所示。单击"库"面板下方的"插入"按钮（插入），将选定的库项目插入该单元格中，效果如图 8-34 所示。将光标置入图 8-35 所示的单元格中。

图 8-33　　　　　　　图 8-34　　　　　　　图 8-35

（3）选中"库"面板中的"xg-daohang"选项，如图 8-36 所示；单击"库"面板下方的"插入"按钮（插入），将选定的库项目插入该单元格中，效果如图 8-37 所示。

图 8-36　　　　　　　　　　　图 8-37

（4）将光标置入图 8-38 所示的单元格中。在"库"面板中选中"xg-text"选项，按住鼠标左键将其拖曳到该单元格中，如图 8-39 所示，松开鼠标左键，效果如图 8-40 所示。

图 8-38

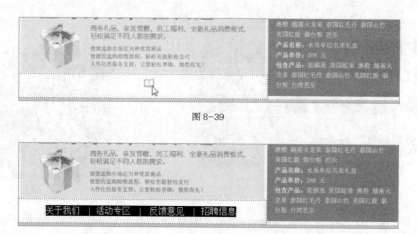

图 8-39

图 8-40

（5）保存文档，按 F12 键预览效果，如图 8-41 所示。

图 8-41

3. 修改库中注册的项目

（1）返回到 Dreamweaver CC 2019 界面中，在"库"面板中双击"xg-text"选项，进入项目的编辑界面，效果如图 8-42 所示。

（2）选中图 8-43 所示的文字，在"属性"面板"目标规则"选项的下拉列表中选择"<新内联样式>"选项，将"文本颜色"设为橘红色（#DC440B），效果如图 8-44 所示。

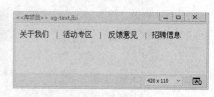

图 8-42

图 8-43

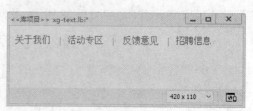

图 8-44

（3）选择"文件 > 保存"命令，弹出"更新库项目"对话框，如图 8-45 所示，单击"更新"按钮，弹出"更新页面"对话框，如图 8-46 所示，单击"关闭"按钮关闭对话框。

图 8-45

图 8-46

（4）返回到"lipinka.html"编辑窗口中，按 F12 键预览效果，可以看到文字的颜色发生了改变，如图 8-47 所示。

图 8-47

课堂练习——电子吉他网页

【练习知识要点】使用"创建模板"按钮，创建模板；使用"可编辑区域"和"重复区域"按钮，制作可编辑区域和重复区域效果，如图 8-48 所示。

图 8-48

【效果所在位置】云盘/Ch08/效果/电子吉他网页/ index.html。

课后习题——婚礼策划网页

【习题知识要点】使用"库"面板添加库项目；使用库中注册的项目制作网页文档，如图 8-49 所示。

图 8-49

【效果所在位置】云盘/Ch08/效果/婚礼策划网页/index.html。

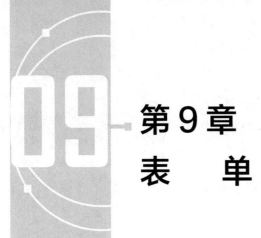

第 9 章
表　单

表单的出现已经使网页从单向的信息传递,发展到能够实现与用户交互对话,使网页的交互性越来越强。本章主要讲解表单的使用方法和应用技巧。通过这些内容的学习,学生可以利用表单输入信息或进行选择,使用文本域、密码域、单选按钮/多选按钮、列表框、跳转菜单、按钮等表单对象,将表单相应的信息提交给服务器进行处理。使用表单可以实现网上投票、网站注册、信息发布、网上交易等功能。

课堂学习目标

- ✔ 掌握创建表单的方法
- ✔ 掌握设置表单属性的方法
- ✔ 掌握创建列表和菜单的方法
- ✔ 掌握创建文本域和图像域的方法
- ✔ 掌握创建按钮的方法
- ✔ 掌握 HTML5 表单元素的应用方法

9.1 表单的使用

表单的作用是使访问者与服务器交流信息。利用表单,可根据访问者输入的信息自动生成页面反馈给访问者,还可以为网站收集访问者输入的信息。表单的使用可分为两部分:一是表单本身,把表单作为页面元素添加到网页页面中;二是表单的处理,即调用服务器端的脚本程序或以电子邮件方式发送。

9.1.1 创建表单

在文档中插入表单的具体操作步骤如下。

（1）在文档窗口中，将插入点放在希望插入表单的位置。

（2）弹出"表单"命令，文档窗口中出现一个红色的虚轮廓线用来指示表单区域，如图9-1所示。

弹出"表单"命令有以下几种方法。

① 单击"插入"面板"表单"选项卡中的"表单"按钮 ，或直接拖曳"表单"按钮 到文档窗口中。

② 选择"插入 > 表单 > 表单"命令。

图9-1

提 示　　　一个页面中包含多个表单，每一个表单都是用<form>和</form>标记来标志的。在插入表单后，如果没有看到表单的轮廓线，可选择"查看 > 可视化助理 > 不可见元素"命令来显示表单的轮廓线。

9.1.2　表单的属性

在文档窗口中选择表单，在"属性"面板中出现图9-2所示的表单属性。

图9-2

表单"属性"面板中各选项的作用如下。

"ID"选项：用于为表单输入一个名称。

"Class"选项：用于将CSS规则应用于表单。

"Action"选项：用于识别处理表单信息的服务器端应用程序。

"Method"选项：用于定义表单数据处理的方式，包括下面3个选项。

"默认"：用于使用浏览器的默认设置将表单数据发送到服务器上。通常默认方法为GET。

"GET"：用于在HTTP请求中嵌入表单数据并传送给服务器。

"POST"：用于将值附加到请求该页的URL中并传送给服务器。

"Title"选项：用来设置表单域的标题名称。

"No Validate"选项：该属性为HTML5新增的表单属性，选中该复选项，表示当前表单不对表单中的内容进行验证。

"Auto Complete"选项：该属性为HTML5新增的表单属性，选中该复选项，表示启用表单的自动完成功能。

"Enctype"选项：用来设置发送数据的编码类型，共有3个选项，分别是"默认""application/x-www-form-urlencoded"和"multipart/form-data"，默认的编码类型是application/x-www-form-urlencoded。application/ x-www-form-urlencoded通常和POST方法协同使用，如果表单中包含文件上传域，则应该选择"multipart/ form-data"选项。

"Target"选项：用于指定一个窗口，在该窗口中显示调用程序所返回的数据。

"Accept Charset"选项：用于设置服务器表单数据所接受的字符集，其下拉列表中共有 3 个选项，分别是"默认""UTF-8"和"ISO-8859-1"。

9.1.3 插入文本域

1. 插入单行文本域

单行文本域通常提供单字或短语响应，如姓名或地址。若要在表单域中插入单行文本域，先将光标置于表单轮廓内需要插入单行文本域的位置，然后插入单行文本域，如图 9-3 所示。

图 9-3

插入单行文本域有以下几种方法。

① 使用"插入"面板"表单"选项卡中的"文本"按钮 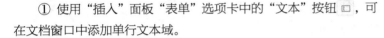，可在文档窗口中添加单行文本域。

② 选择"插入 > 表单 > 文本"命令，在文档窗口的表单中出现一个单行文本域。

在"属性"面板中显示单行文本域的属性，如图 9-4 所示，用户可根据需要设置该单行文本域的各项属性。

图 9-4

单行文本域"属性"面板中各选项的作用如下。

"Name"选项：用来设置文本域的名称。

"Class"选项：用来将 CSS 规则应用于文本域。

"Size"选项：用来设置文本域中显示的字符数的最大值。

"Max Length"选项：用来设置文本域中输入的字符数的最大值。

"Value"选项：用来输入提示性文本。

"Title"选项：用来设置文本域的提示标题文字。

"Place Holder"选项：该属性为 HTML5 新增的表单属性，用来设置文本域预期值的提示信息，该提示信息会在文本域为空时显示，并在文本域获得焦点时消失。

"Disabled"选项：选中该复选项，表示禁用该文本字段，被禁用的文本域既不可用，也不可单击。

"Auto Focus"选项：该属性为 HTML5 新增的表单属性，选中该复选项，当网页被加载时，该文本域会自动获得焦点。

"Required"选项：该属性为 HTML5 新增的表单属性，选中该复选项，则在提交表单之前必须填写所选文本域。

"Read Only"选项：选中该复选项，表示所选文本域为只读属性，不能对该文本域的内容进行修改。

"Auto Complete"选项：该属性为 HTML5 新增的表单属性，选中该复选项，表示所选文本域启用自动完成功能。

"Form"选项：该属性用于设置与表单元素相关的表单标签的ID，可以在该选项的下拉列表中选择网页中已经存在的表单标签。

"Pattern"选项：该属性为HTML5新增的表单属性，用于设置文本域的模式或格式。

"Tab Index"选项：该属性用于设置表单元素的Tab键控制次序。

"List"选项：该属性为HTML5新增的表单属性，用于设置引用数据列表，其中包含文本域的预定义选项。

2. 插入密码文本域

密码域是特殊类型的文本域。当用户在密码域中输入文本时，所输入的文本被替换为星号或项目符号，以隐藏该文本，保护这些信息不被看到。若要在表单域中插入密码文本域，先将光标置于表单轮廓内需要插入密码文本域的位置，然后插入密码文本域，如图9-5所示。

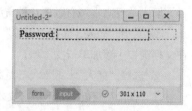

图9-5

插入密码文本域有以下几种方法。

① 使用"插入"面板"表单"选项卡中的"密码"按钮 **，可在文档窗口中添加密码文本域。

② 选择"插入 > 表单 > 密码"命令，在文档窗口的表单中出现一个密码文本域。

在"属性"面板中显示密码文本域的属性，如图9-6所示，用户可根据需要设置该密码文本域的各项属性。

图9-6

密码域的设置与单行文本域中的属性设置相同。

3. 插入多行文本域

多行文本域为访问者提供一个较大的区域，供其输入响应。可以指定访问者最多输入的行数及对象的字符宽度。如果输入的文本超过设置的行数和宽度，则该域将按照换行属性中指定的设置进行滚动。

插入多行文本域有以下几种方法。

① 使用"插入"面板"表单"选项卡中的"文本区域"按钮 □，可在文档窗口中添加多行文本域。

② 选择"插入 > 表单 > 文本区域"命令，在文档窗口的表单中出现一个多行文本域。

在"属性"面板中显示多行文本域的属性，如图9-7所示，用户可根据需要设置该多行文本域的各项属性。

图9-7

"Rows"选项：用于设置文本域的可见高度，以行计数。

"Cols"选项：用于设置文本域的字符宽度。

"Wrap"选项：通常情况下，当用户在文本域中输入文本后，浏览器会将它们按照输入时的状态发送给服务器，注意，只有在用户按下 Enter 键的地方才会换行。如果希望启动换行功能，可以将 Wrap 属性设置为"Soft"或"Hard"，这样当用户输入的一行文本超过文本域的宽度时，浏览器会自动将多余的文字移动到下一行显示。

"Value"选项：用于设置文本域的初始值，可以在文本框中输入相应的内容。

9.1.4 课堂案例——用户登录界面

【案例学习目标】使用"插入"面板"HTML"选项卡中的按钮，插入表格；使用"表单"选项卡中的按钮，插入文本字段、文本区域，并设置相应的属性。

【案例知识要点】使用"表单"按钮，插入表单；使用"Table"按钮，插入表格；使用"文本"按钮，插入文本字段；使用"属性"面板设置表格、文本字段的属性，如图9-8所示。

图9-8

【效果所在位置】云盘/Ch09/效果/用户登录界面/index.html。

1. 插入表单和表格

（1）选择"文件 > 打开"命令，在弹出的"打开"对话框中，选择云盘中的"Ch09 > 素材 > 用户登录界面 > index.html"文件，单击"打开"按钮打开文件，如图9-9所示。将光标置入图9-10所示的单元格中。

图9-9

图9-10

（2）单击"插入"面板"表单"选项卡中的"表单"按钮 ▦，插入表单，如图9-11所示。单击

"插入"面板"HTML"选项卡中的"Table"按钮 ▥ ，在弹出的"Table"对话框中进行设置，如图 9-12 所示，单击"确定"按钮，完成表格的插入，效果如图 9-13 所示。

图 9-11　　　　　　　　图 9-12　　　　　　　　图 9-13

（3）选中图 9-14 所示的单元格，单击"属性"面板中的"合并所选单元格，使用跨度"按钮 ▣ ，将选中的单元格合并，效果如图 9-15 所示。在"属性"面板"水平"选项的下拉列表中选择"居中对齐"选项，将"高"设为 80，效果如图 9-16 所示。

（4）单击"插入"面板"HTML"选项卡中的"Image"按钮 ▤ ，在弹出的"选择图像源文件"对话框中，选择云盘中的"Ch09 > 素材 > 用户登录界面 > images > img01.png"文件，单击"确定"按钮完成图片的插入，效果如图 9-17 所示。

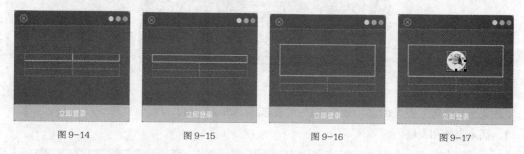

图 9-14　　　　　　图 9-15　　　　　　图 9-16　　　　　　图 9-17

（5）将光标置入第 2 行第 1 列单元格中，如图 9-18 所示，在"属性"面板中，将"宽"设为 50，"高"设为 40。用相同的方法设置第 3 行第 1 列单元格，效果如图 9-19 所示。

（6）将光标置入第 2 行第 1 列单元格中，单击"插入"面板"HTML"选项卡中的"Image"按钮 ▤ ，在弹出的"选择图像源文件"对话框中，选择云盘中的"Ch09 > 素材 > 用户登录界面 > images > img02.png"文件，单击"确定"按钮完成图片的插入，效果如图 9-20 所示。用相同的方法将云盘中的"Ch09 > 素材 > 用户登录界面 > images > img03.png"文件插入相应的单元格中，效果如图 9-21 所示。

图 9-18　　　　　　图 9-19　　　　　　图 9-20　　　　　　图 9-21

2. 插入文本字段与密码域

（1）将光标置入图 9-22 所示的单元格中，单击"插入"面板"表单"选项卡中的"文本"按钮 ▭，在单元格中插入文本字段，如图 9-23 所示。选中英文"Text Field:"，按 Delete 键将其删除，效果如图 9-24 所示。

图 9-22　　　　　　　　图 9-23　　　　　　　　图 9-24

（2）选中文本字段，在"属性"面板中，将"Size"设为 20，如图 9-25 所示，效果如图 9-26 所示。

图 9-25　　　　　　　　　　　　　　图 9-26

（3）将光标置入图 9-27 所示的单元格中，单击"插入"面板"表单"选项卡中的"密码"按钮 ▭，在单元格中插入密码文本域，如图 9-28 所示。选中英文"Password:"，按 Delete 键将其删除，效果如图 9-29 所示。

图 9-27　　　　　　　　图 9-28　　　　　　　　图 9-29

（4）选中密码文本域，在"属性"面板中，将"Size"设为 21，如图 9-30 所示，效果如图 9-31 所示。

图 9-30　　　　　　　　　　　　　　图 9-31

（5）保存文档，按 F12 键预览效果，如图 9-32 所示。

图 9-32

9.2 应用单选按钮和复选框

若要从一组选项中选择一个选项，设计时使用单选按钮；若要从一组选项中选择多个选项，设计时使用复选框。

9.2.1 插入单选按钮

插入单选按钮有以下几种方法。

① 单击"插入"面板"表单"选项卡中的"单选按钮"按钮 ◉ ，在文档窗口的表单中出现一个单选按钮。

② 选择"插入 > 表单 > 单选按钮"命令，在文档窗口的表单中出现一个单选按钮。

在"属性"面板中显示单选按钮的属性，如图 9-33 所示，可以根据需要设置该单选按钮的各项属性。

图 9-33

"Checked"选项：用于设置该单选按钮的初始状态，即当浏览器载入表单时，该单选按钮是否处于被选中的状态。

9.2.2 插入单选按钮组

先将光标放在表单轮廓内需要插入单选按钮组的位置，然后启用"单选按钮组"对话框，如图 9-34 所示。

打开"单选按钮组"对话框有以下几种方法。

① 单击"插入"面板"表单"选项卡中的"单选按钮组"按钮 。

② 选择"插入 > 表单 > 单选按钮组"命令。

"单选按钮组"对话框中各选项的作用如下。

"名称"选项：用于输入该单选按钮组的名称，每个单选按钮组的名称都不能相同。

图 9-34

➕ 和 ➖ 按钮：用于向单选按钮组内添加或删除单选按钮。

🔼 和 🔽 按钮：用于重新排序单选按钮。

"标签"选项：用于设置单选按钮右侧的提示信息。

"值"选项：用于设置此单选按钮代表的值，一般为字符型数据，即当用户选定该单选按钮时，表单指定的处理程序获得的值。

"换行符"或"表格"选项：用于选择使用换行符或表格来设置这些按钮的布局方式。

图 9-35

根据需要设置该按钮组的每个选项，单击"确定"按钮，在文档窗口的表单中出现单选按钮组，如图 9-35 所示。

9.2.3 插入复选框

插入复选框有以下几种方法。

① 单击"插入"面板"表单"选项卡中的"复选框"按钮 ☑，在文档窗口的表单中出现一个复选框。

② 选择"插入 > 表单 > 复选框"命令，在文档窗口的表单中出现一个复选框。

在"属性"面板中显示复选框的属性，如图 9-36 所示，可以根据需要设置该复选框的各项属性。

图 9-36

复选框组的操作与单选按钮组类似，故不再赘述。

9.2.4 课堂案例——人力资源网页

【案例学习目标】使用表单按钮为页面添加单选按钮。

【案例知识要点】使用"单选按钮"按钮，插入单选按钮；使用"复选框"按钮，插入复选框，如图 9-37 所示。

图 9-37

【效果所在位置】云盘/Ch09/效果/人力资源网页/index.html。

1. 插入单选按钮

（1）选择"文件 > 打开"命令，在弹出的"打开"对话框中，选择云盘中的"Ch09 > 素材 > 人力资源网页 > index.html"文件，单击"打开"按钮打开文件，如图 9-38 所示。将光标置入"注册类型"右侧的单元格中，如图 9-39 所示。

图 9-38

图 9-39

（2）单击"插入"面板"表单"选项卡中的"单选按钮"按钮 ◉，在光标所在位置插入一个单选按钮，效果如图 9-40 所示。保持单选按钮的选取状态，按 Ctrl+C 组合键，将其复制到剪切板中；在"属性"面板中，勾选"Checked"复选框，效果如图 9-41 所示。选中英文"Radio Button"并将其更改为"个人注册"，效果如图 9-42 所示。

图 9-40

图 9-41

图 9-42

（3）将光标置入文字"个人注册"的右侧，如图 9-43 所示。按 Ctrl+V 组合键，将剪切板中的单选按钮粘贴到光标所在位置，效果如图 9-44 所示。输入文字"企业注册"，效果如图 9-45 所示。

图 9-43　　　　　　　　　图 9-44　　　　　　　　　图 9-45

2. 插入复选框

（1）将光标置入文字"学历"右侧的单元格中，如图 9-46 所示，单击"插入"面板"表单"选项卡中的"复选框"按钮 ☑，在单元格中插入一个复选框，效果如图 9-47 所示。选中英文"Checkbox"并将其更改为"研究生"，如图 9-48 所示。用相同的方法再次插入多个复选框，并分别输入文字，效果如图 9-49 所示。

图 9-46　　　　　　图 9-47　　　　　　图 9-48　　　　　　图 9-49

（2）保存文档，按 F12 键预览效果，如图 9-50 所示。

图 9-50

9.3 下拉菜单、滚动列表、文件域和按钮

在表单中有两种类型的菜单，一种是下拉菜单，一种是滚动列表，它们都包含一个或多个菜单选项。当用户需要在预先设定的菜单选项中选择一个或多个选项时，可使用"下拉菜单与滚动列表"功能创建下拉菜单或滚动列表。

9.3.1 创建列表和菜单

1. 插入下拉菜单

插入下拉菜单有以下几种方法。

① 使用"插入"面板"表单"选项卡中的"选择"按钮 ▤，在文档窗口的表单中添加下拉菜单。

② 选择"插入 > 表单 > 选择"命令，在文档窗口的表单中添加下拉菜单。

在"属性"面板中显示下拉菜单的属性，如图 9-51 所示，可以根据需要设置该下拉菜单。

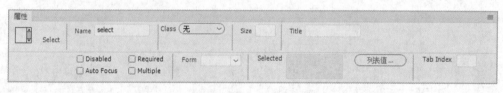

图 9-51

下拉菜单"属性"面板中各选项的作用如下。

"Size"选项：用来设置在页面中显示的高度。

"Selected"选项：用来设置下拉菜单中默认选择的菜单项。

"列表值"按钮：单击此按钮，弹出一个图 9-52 所示的"列表值"对话框，在该对话框中单击 **+** 按钮或 **-** 按钮向下拉菜单中添加菜单项或删除菜单项。菜单项在列表中出现的顺序与在"列表值"对话框中出现的顺序一致。在浏览器载入页面时，列表中的第一个选项是默认选项。

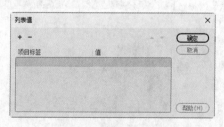

图 9-52

2. 插入滚动列表

若要在表单域中插入滚动列表，先将光标放在表单轮廓内需要插入滚动列表的位置，然后插入滚动列表，如图 9-53 所示。

插入滚动列表有以下几种方法。

图 9-53

① 单击"插入"面板"表单"选项卡的"选择"按钮 ▤，在文档窗口的表单中出现滚动列表。

② 选择"插入 > 表单 > 列表/菜单"命令，在文档窗口的表单中出现滚动列表。

在"属性"面板中显示滚动列表的属性，如图 9-54 所示，可以根据需要设置该滚动列表。

图 9-54

9.3.2 创建文件域

插入文件域有以下几种方法。

① 将光标置入表单域中，单击"插入"面板"表单"选项卡中的"文件"按钮 ▤，在文档窗口的单元格中出现一个文件域。

② 选择"插入 > 表单 > 文件"命令，在文档窗口的表单中出现一个文件域。

在"属性"面板中显示文件域的属性，如图 9-55 所示，可以根据需要设置该文件域的各项属性。

图 9-55

文件域"属性"面板中各选项的作用如下。

"Multiple"选项：该属性为 HTML5 新增的表单元素属性，选中该复选项，表示该文件域可以直接接受多个值。

"Required"选项：该属性为 HTML5 新增的表单元素属性，选中该复选项，表示在提交表单之前必须设置相应的值。

> **提 示**　　在使用文件域之前，要与服务器管理员联系，确认允许使用匿名文件上传，否则此选项无效。

9.3.3 创建图像按钮

打开"选择图像源文件"对话框有以下几种方法。

① 单击"插入"面板"表单"选项卡中的"图像按钮"按钮 ▨。

② 选择"插入 > 表单 > 图像按钮"命令。

在"属性"面板中出现图 9-56 所示的图像按钮的属性，可以根据需要设置该图像按钮的各项属性。

图 9-56

图像按钮"属性"面板中各选项的作用如下。

"Src"选项：用来显示该图像按钮所使用的图像地址。

"宽"和"高"选项：用来设置图像按钮的宽和高。

"Form Action"选项：用来设置为按钮使用的图像。

"Form Method"选项：用来设置如何发送表单数据。

"编辑图像"按钮：单击该按钮，将启动外部图像编辑软件，对该图像按钮所使用的图像进行编辑。

9.3.4 插入普通按钮

插入按钮有以下几种方法。

① 单击"插入"面板"表单"选项卡中的"按钮"按钮 ⊝，在文档窗口的单元格中出现一个按钮表单。

② 选择"插入 > 表单 > 按钮"命令，在文档窗口的表单中出现一个按钮表单。

在"属性"面板中显示按钮表单的属性，如图 9-57 所示，可以根据需要设置该按钮表单的各项属性。

图 9-57

9.3.5 插入提交按钮

插入提交按钮表单有以下几种方法。

① 单击"插入"面板"表单"选项卡中的"'提交'按钮"按钮 ☑，在文档窗口的单元格中出现一个"提交"按钮。

② 选择"插入 > 表单 >'提交'按钮"命令，在文档窗口的表单中出现一个"提交"按钮。

在"属性"面板中显示"提交"按钮的属性，如图 9-58 所示，可以根据需要设置该按钮表单的各项属性。

图 9-58

"提交"按钮相关属性的设置与前面介绍的表单元素属性的设置基本相同，这里就不再赘述。

9.3.6 插入重置按钮

插入重置按钮表单有以下几种方法。

① 单击"插入"面板"表单"选项卡中的"'重置'按钮"按钮 ↺ ，在文档窗口的单元格中出现一个"重置"按钮。

② 选择"插入 > 表单 > '重置'按钮"命令，在文档窗口的表单中出现一个"重置"按钮。

在"属性"面板中显示"重置"按钮的属性，如图 9-59 所示，可以根据需要设置该按钮表单的各项属性。

图 9-59

"重置"按钮相关属性的设置与前面介绍的表单元素属性的设置基本相同，这里就不再赘述。

9.3.7 课堂案例——健康测试网页

【案例学习目标】使用表单按钮为页面添加单选按钮。

【案例知识要点】使用"选择"按钮，插入列表；使用"属性"面板，设置列表属性，如图 9-60 所示。

【效果所在位置】云盘/Ch09/效果/健康测试网页/index.html。

（1）选择"文件 > 打开"命令，在弹出的"打开"对话框中，选择云盘中的"Ch09 > 素材 > 健康测试网页 > index.html"文件，单击"打开"按钮打开文件，效果如图 9-61 所示。

图 9-60

图 9-61

（2）将光标置入图 9-62 所示的位置，单击"插入"面板"表单"选项卡中的"选择"按钮 ▤ ，在光标所在的位置插入列表菜单，如图 9-63 所示。

（3）选中英文"Select:"，如图 9-64 所示，按 Delete 键将其删除，效果如图 9-65 所示。

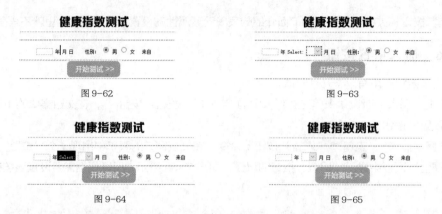

图 9-62 图 9-63

图 9-64 图 9-65

（4）选中列表菜单，在"属性"面板中单击"列表值"按钮，在弹出的"列表值"对话框中添加图 9-66 所示的内容，添加完成后单击"确定"按钮，效果如图 9-67 所示。

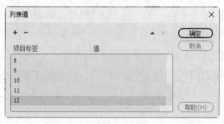

图 9-66

图 9-67

（5）在"属性"面板的"Selected"选项中选择"－－"，如图 9-68 所示。用相同的方法在适当的位置插入列表菜单，并设置适当的值，效果如图 9-69 所示。

图 9-68 图 9-69

（6）保存文档，按 F12 键预览效果，如图 9-70 所示。单击"月"选项左侧的下拉列表，可以选择任意选项，如图 9-71 所示。

图 9-70

图 9-71

9.4 创建 HTML5 表单元素

目前 HTML5 的应用已经越来越多，为了适应 HTML5 的发展 Dreamweaver CC 2019 中增加了许多全新的 HTML5 表单元素。HTML5 不仅增加了一系列功能性的表单、表单元素和表单特性，还增加了自动验证表单的功能。

9.4.1 插入电子邮件文本域

Dreamweaver CC 2019 中增加了许多全新的 HTML5 表单元素，电子邮件文本域就是其中的一种。

电子邮件文本域是专门为输入 E-mail 地址而定义的文本框，主要是为了验证输入的文本是否符合 E-mail 地址的格式，并会提示验证错误。若要在表单域中插入电子邮件文本域，先将光标置于表单轮廓内需要插入电子邮件文本域的位置，然后插入电子邮件文本域，如图 9-72 所示。

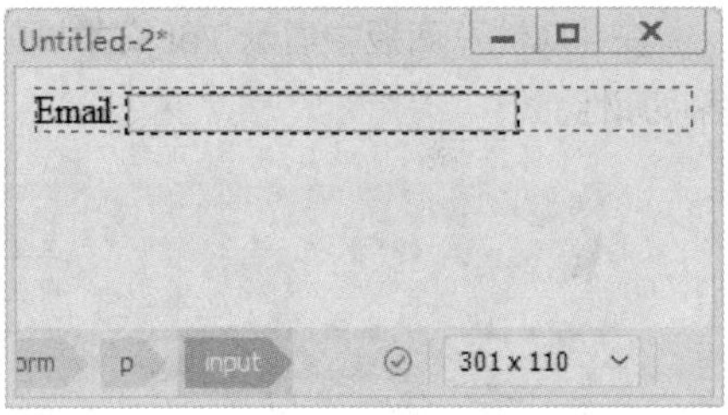

插入电子邮件文本域有以下几种方法。

① 使用"插入"面板"表单"选项卡中的"电子邮件"按钮 ✉，可在文档窗口中添加电子邮件文本域。

② 选择"插入 > 表单 > 电子邮件"命令，在文档窗口的表单中出现一个电子邮件文本域。

图 9-72

在"属性"面板中显示电子邮件文本域的属性，如图 9-73 所示，用户可根据需要设置该电子邮件文本域的各项属性。

图 9-73

9.4.2 插入 Url 文本域

插入 Url 文本域有以下几种方法。

① 使用"插入"面板"表单"选项卡中的"Url"按钮 ⑧，在文档窗口的表单中出现一个 Url 文本域。

② 选择"插入 > 表单 > Url"命令，在文档窗口的表单中出现一个 Url 文本域。

在"属性"面板中显示 Url 文本域的属性，如图 9-74 所示，可以根据需要设置该 Url 文本域的各项属性。

图 9-74

Url 文本域相关属性的设置与前面介绍的表单元素属性的设置基本相同，这里就不再赘述。

9.4.3 插入 Tel 文本域

插入 Tel 文本域有以下几种方法。

① 使用"插入"面板"表单"选项卡中的"Tel"按钮 📞，在文档窗口的表单中出现一个 Tel 文本域。

② 选择"插入 > 表单 > Tel"命令，在文档窗口的表单中出现一个 Tel 文本域。

在"属性"面板中显示 Tel 文本域的属性，如图 9-75 所示，可以根据需要设置该 Tel 文本域的各项属性。

图 9-75

Tel 文本域相关属性的设置与前面介绍的表单元素属性的设置基本相同，这里就不再赘述。

9.4.4 插入搜索文本域

插入搜索文本域有以下几种方法。

① 使用"插入"面板"表单"选项卡中的"搜索"按钮 🔍，在文档窗口的表单中出现一个搜索文本域。

② 选择"插入 > 表单 > 搜索"命令，在文档窗口的表单中出现一个搜索文本域。

在"属性"面板中显示搜索文本域的属性，如图 9-76 所示，可以根据需要设置该搜索文本域的各项属性。

图 9-76

搜索文本域相关属性的设置与前面介绍的表单元素属性的设置基本相同，这里就不再赘述。

9.4.5 插入数字文本域

插入数字文本域有以下几种方法。

① 使用"插入"面板"表单"选项卡中的"数字"按钮 🔢，在文档窗口的表单中出现一个数字文本域。

② 选择"插入 > 表单 > 数字"命令，在文档窗口的表单中出现一个数字文本域。

在"属性"面板中显示数字文本域的属性，如图 9-77 所示，可以根据需要设置该数字文本域的各项属性。

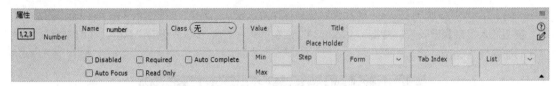

图 9-77

数字文本域相关属性的设置与前面介绍的表单元素属性的设置基本相同，这里就不再赘述。

9.4.6　插入范围文本域

插入范围文本域有以下几种方法。

① 使用"插入"面板"表单"选项卡中的"范围"按钮 ⬚，在文档窗口的表单中出现一个范围文本域。

② 选择"插入 > 表单 > 范围"命令，在文档窗口的表单中出现一个范围文本域。

在"属性"面板中显示范围文本域的属性，如图 9-78 所示，可以根据需要设置该范围文本域的各项属性。

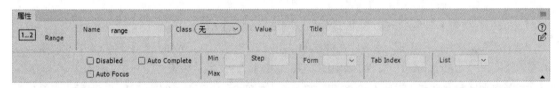

图 9-78

范围文本域相关属性的设置与前面介绍的表单元素属性的设置基本相同，这里就不再赘述。

9.4.7　插入颜色

插入颜色有以下几种方法。

① 使用"插入"面板"表单"选项卡中的"颜色"按钮 ⬚，在文档窗口的表单中出现一个颜色。

② 选择"插入 > 表单 > 颜色"命令，在文档窗口的表单中出现一个颜色。

在"属性"面板中显示颜色的属性，如图 9-79 所示，可以根据需要设置该颜色的各项属性。

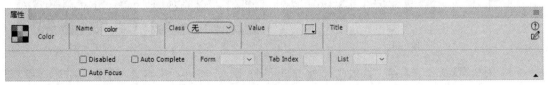

图 9-79

颜色相关属性的设置与前面介绍的表单元素属性的设置基本相同，这里就不再赘述。

9.4.8 课堂案例——动物乐园网页

【案例学习目标】使用"表单"选项卡中的按钮插入单行文本域、Tel 文本域、日期表单元素、多行文本域、"提交"按钮和"重置"按钮。

【案例知识要点】使用"文本"按钮插入单行文本域，使用"Tel"按钮插入 Tel 文本域，使用"日期"按钮插入日期表单元素，使用"文本区域"按钮插入多行文本域，使用"属性"面板设置各表单文本域的属性，如图 9-80 所示。

图 9-80

【效果所在位置】云盘/Ch09/效果/动物乐园网页/ index.html。

（1）选择"文件 > 打开"命令，在弹出的"打开"对话框中，选择云盘中的"Ch09 > 素材 > 动物乐园网页 > index.html"文件，单击"打开"按钮打开文件，效果如图 9-81 所示。

（2）将光标置入文字"联系人："右侧的单元格，如图 9-82 所示，单击"插入"面板"表单"选项卡中的"文本"按钮 ▢ ，在单元格中插入单行文本域，选中文字"Text Field:"按 Delete 键将其删除。选中单行文本域，在"属性"面板中将"Size"设为 20，效果如图 9-83 所示。

图 9-81

图 9-82

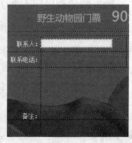

图 9-83

（3）用相同的方法在文字"票数："右侧的单元格中插入一个单行文本域，并在"属性"面板中设置相应的属性，效果如图 9-84 所示。将光标置入文字"联系电话："右侧的单元格，单击"插入"面板"表单"选项卡中的"Tel"按钮 📞 ，在单元格中插入 Tel 文本域，选中文字"Tel:"，按 Delete 键将其删除，效果如图 9-85 所示。

（4）选中 Tel 文本域，在"属性"面板中将"Size"设为 20，"Max Length"设为 11，效果如图 9-86 所示。

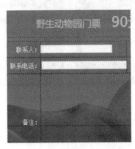
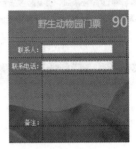

图 9-84　　　　　　　　　图 9-85　　　　　　　　　图 9-86

（5）将光标置入文字"参观日期："右侧的单元格，单击"插入"面板"表单"选项卡中的"日期"按钮 📅，在光标所在的位置插入日期表单元素。选中文字"Date:"，按 Delete 键，将其删除，效果如图 9-87 所示。

（6）将光标置入文字"备注："右侧的单元格，单击"插入"面板"表单"选项卡中的"文本区域"按钮 □，在光标所在的位置插入多行文本域。选中文字"Text Area:"，按 Delete 键，将其删除，效果如图 9-88 所示。

（7）选中多行文本域，在"属性"面板中将"Rows"设为 6，"Cols"设为 60，效果如图 9-89 所示。将光标置入图 9-90 所示的单元格。

图 9-87　　　　　　　　　　　　　　　图 9-88

图 9-89　　　　　　　　　　　图 9-90

（8）单击"插入"面板"表单"选项卡中的"'提交'按钮"按钮 ☑，在光标所在的位置插入一个"提交"按钮，效果如图 9-91 所示。将光标置于"提交"按钮的后面，单击"插入"面板"表单"选项卡中的"'重置'按钮"按钮 ↺，在光标所在的位置插入一个"重置"按钮，效果如图 9-92 所示。

图 9-91　　　　　　　　　　　　　　　　　　图 9-92

（9）保存文档，按 F12 键预览效果，如图 9-93 所示。

图 9-93

9.4.9　插入月表单

插入月表单有以下几种方法。

① 使用"插入"面板"表单"选项卡中的"月"按钮 ，在文档窗口的表单中出现一个月表单。

② 选择"插入 > 表单 > 月"命令，在文档窗口的表单中出现一个月表单。

在"属性"面板中显示月表单的属性，如图 9-94 所示，可以根据需要设置该月表单的各项属性。

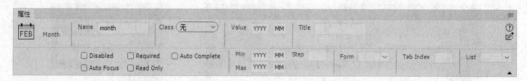

图 9-94

月表单相关属性的设置与前面介绍的表单元素属性的设置基本相同，这里就不再赘述。

9.4.10　插入周表单

插入周表单有以下几种方法。

① 使用"插入"面板"表单"选项卡中的"周"按钮 ，在文档窗口的表单中出现一个周表单。

② 选择"插入 > 表单 > 周"命令，在文档窗口的表单中出现一个周表单。

在"属性"面板中显示周表单的属性，如图 9-95 所示，可以根据需要设置该周表单的各项属性。

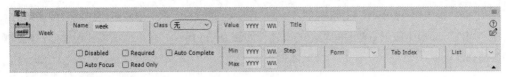

图 9-95

周表单相关属性的设置与前面介绍的表单元素属性的设置基本相同，这里就不再赘述。

9.4.11　插入日期表单

插入日期表单有以下几种方法。

① 使用"插入"面板"表单"选项卡中的"日期"按钮 📅 ，在文档窗口的表单中出现一个日期表单。

② 选择"插入 > 表单 > 日期"命令，在文档窗口的表单中出现一个日期表单。

在"属性"面板中显示日期表单的属性，如图 9-96 所示，可以根据需要设置该日期表单的各项属性。

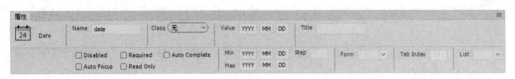

图 9-96

日期表单相关属性的设置与前面介绍的表单元素属性的设置基本相同，这里就不再赘述。

9.4.12　插入时间表单

插入时间表单有以下几种方法。

① 使用"插入"面板"表单"选项卡中的"时间"按钮 🕐 ，在文档窗口的表单中出现一个时间表单。

② 选择"插入 > 表单 > 时间"命令，在文档窗口的表单中出现一个时间表单。

在"属性"面板中显示时间表单的属性，如图 9-97 所示，可以根据需要设置该时间表单的各项属性。

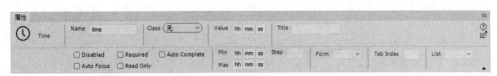

图 9-97

时间表单相关属性的设置与前面介绍的表单元素属性的设置基本相同，这里就不再赘述。

9.4.13　插入日期时间表单

插入日期时间表单有以下几种方法。

① 使用"插入"面板"表单"选项卡中的"日期时间"按钮 📅 ，在文档窗口的表单中出现一个日期时间表单。

② 选择"插入 > 表单 > 日期时间"命令，在文档窗口的表单中出现一个日期时间表单。

在"属性"面板中显示日期时间表单的属性，如图 9-98 所示，可以根据需要设置该日期时间表单的各项属性。

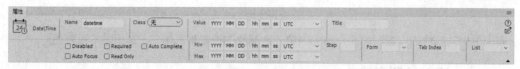

图 9-98

日期时间表单相关属性的设置与前面介绍的表单元素属性的设置基本相同，这里就不再赘述。

9.4.14 插入日期时间（当地）表单

插入日期时间（当地）表单有以下几种方法。

① 使用"插入"面板"表单"选项卡中的"日期时间（当地）"按钮 ，在文档窗口的表单中出现一个日期时间（当地）表单。

② 选择"插入 > 表单 > 日期时间（当地）"命令，在文档窗口的表单中出现一个日期时间（当地）表单。

在"属性"面板中显示日期时间（当地）表单的属性，如图 9-99 所示，可以根据需要设置该日期时间（当地）表单的各项属性。

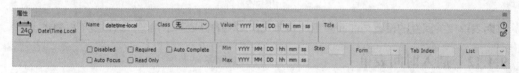

图 9-99

日期时间（当地）表单相关属性的设置与前面介绍的表单元素属性的设置基本相同，这里就不再赘述。

9.4.15 课堂案例——鑫飞越航空网页

【案例学习目标】使用"表单"选项卡中的按钮，插入时间日期。

【案例知识要点】使用"日期"按钮，插入日期元素，如图 9-100 所示。

图 9-100

【效果所在位置】云盘/Ch09/效果/鑫飞越航空网页/index.html。

（1）选择"文件 > 打开"命令，在弹出的"打开"对话框中，选择云盘中的"Ch09 > 素材 > 鑫飞越航空网页 > index.html"文件，单击"打开"按钮打开文件，如图 9-101 所示。将光标置入文字"出发城市:"右侧的单元格，如图 9-102 所示。

图 9-101   图 9-102

（2）单击"插入"面板"表单"选项卡中的"文本"按钮 □，在光标所在的位置插入单行文本域，选中单行文本域，在"属性"面板中将"Size"选项设为 15，效果如图 9-103 所示。选中文字"Text Field:"，如图 9-104 所示，按 Delete 键将其删除，效果如图 9-105 所示。

（3）用相同的方法在文字"到达城市:"右侧的单元格中插入单行文本域，并设置相应的属性，效果如图 9-106 所示。

图 9-103   图 9-104   图 9-105   图 9-106

（4）将光标置入文字"出发日期:"右侧的单元格，如图 9-107 所示。单击"插入"面板"表单"选项卡中的"日期"按钮 □，在光标所在的位置插入日期表单元素。选中文字"Date:"，按 Delete 键将其删除，效果如图 9-108 所示。

（5）用相同的方法在文字"回程日期:"右侧的单元格中插入日期表单元素，效果如图 9-109 所示。

图 9-107   图 9-108   图 9-109

（6）保存文档，按 F12 键预览效果。可以在日期列表中选择需要的日期，如图 9-110 所示。

图 9-110

课堂练习——创新生活网页

【练习知识要点】使用"CSS 设计器"面板设置文字的大小和行距，使用"单选按钮"按钮制作单选题，使用"图像按钮"按钮插入图像按钮，如图 9-111 所示。

图 9-111

【效果所在位置】云盘/Ch09/效果/创新生活网页/index.html。

课后习题——智能扫地机器人网页

【习题知识要点】使用"表单"按钮插入表单，使用"Table"按钮插入表格，进行页面布局，使用"图像按钮"按钮插入图像按钮，使用"复选框"按钮插入复选框，使用"文本"按钮插入单行文本域，使用"Tel"按钮插入 Tel 文本域，如图 9-112 所示。

图 9-112

【效果所在位置】云盘/Ch09/效果/智能扫地机器人网页/index.html。

10

第10章
行　为

行为是 Dreamweaver 预置的 JavaScript 程序库，每个行为包括一个动作和一个事件。任何一个动作都需要一个事件激活，两者相辅相成。动作是一段已编辑好的 JavaScript 代码，这些代码在特定事件被激发时执行。本章主要讲解了行为和动作的应用方法。通过这些内容的学习，学生可以在网页中熟练应用行为和动作，使设计制作的网页更加生动、精彩。

课堂学习目标

- 了解"行为"面板
- 掌握应用行为的方法
- 掌握动作的使用方法和技巧

10.1　行为概述

行为可理解成在网页中选择的一系列动作，以实现用户与网页间的交互。行为代码是 Dreamweaver CC 2019 提供的内置代码，运行于客户端的浏览器中。

10.1.1　"行为"面板

用户习惯于使用"行为"面板为网页元素指定动作和事件。在文档窗口中，选择"窗口 > 行为"命令，或按 Shift+F4 组合键，弹出"行为"面板，如图 10-1 所示。

"行为"面板由以下几个部分组成。

"添加行为"按钮 + ：单击该按钮，弹出动作菜单。添加行为时，从动作菜单中选择一个动作即可。

"删除事件"按钮 − ：用于在面板中删除所选的事件和动作。

"增加事件值"按钮 ▲ 、"降低事件值"按钮 ▼ ：用于在面板中通过上、下移动所选择的动作来调整动作的顺序。在"行为"面板中，所有事

图 10-1

件和动作都按照它们在面板中的显示顺序发生和执行，设计时要根据实际情况调整动作的顺序。

10.1.2 应用行为

1. 将行为附加到网页元素上

（1）在文档窗口中选择一个元素，如一个图像或一个链接。若要将行为附加到整个页，则单击文档窗口左下侧的标签选择器的 <body> 标签。

（2）选择"窗口 > 行为"命令，弹出"行为"面板。

（3）单击"添加行为"按钮 +，并在弹出的菜单中选择一个动作，如图 10-2 所示，将弹出相应的参数设置对话框，在其中进行设置后，单击"确定"按钮。

（4）在"行为"面板的"事件"列表中显示动作的默认事件，单击该事件，会出现"箭头"按钮 ⌄，单击 ⌄，弹出包含全部事件的事件列表，如图 10-3 所示，用户可根据需要选择相应的事件。

图 10-2

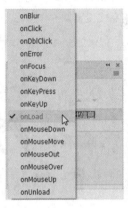

图 10-3

2. 将行为附加到文本上

将某个行为附加到所选的文本上，具体操作步骤如下。

（1）为文本添加一个空链接。

（2）选择"窗口 > 行为"命令，弹出"行为"面板。

（3）选中链接文本，单击"添加行为"按钮 +，从弹出的菜单中选择一个动作，如"弹出信息"动作，并在弹出的对话框中设置该动作的参数，如图 10-4 所示。

（4）在"行为"面板的"事件"列表中显示动作的默认事件，单击该事件，会出现"箭头"按钮 ⌄，单击 ⌄，弹出包含全部事件的事件列表，如图 10-5 所示。用户可根据需要选择相应的事件。

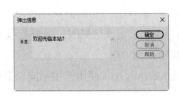

图 10-4

图 10-5

10.2　动作

　　动作是系统预先定义好的选择指定任务的代码。因此，用户需要了解系统所提供的动作，掌握每个动作的功能及实现这些功能的方法。下面将介绍几个常用的动作。

10.2.1　打开浏览器窗口

　　使用"打开浏览器窗口"动作在一个新的窗口中打开指定的 URL，还可以指定新窗口的属性、特征和名称，具体操作步骤如下。

　　（1）打开一个网页文件，选择一张图片，如图 10-6 所示。

　　（2）弹出"行为"面板，单击"添加行为"按钮 + ，并在弹出的菜单中选择"打开浏览器窗口"命令，弹出"打开浏览器窗口"对话框，在对话框中根据需要设置相应的参数，如图 10-7 所示，单击"确定"按钮完成设置。

图 10-6

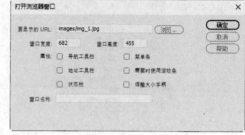

图 10-7

　　对话框中各选项的作用如下。

　　"要显示的 URL"选项：是必选项，用于设置要显示的网页的地址。

　　"窗口宽度"和"窗口高度"选项：用于以像素为单位设置窗口的宽度和高度。

　　"属性"选项组：用于根据需要选择下列复选框以设定窗口的外观。

　　"导航工具栏"复选框：用于设置是否在浏览器顶部显示导航工具栏。导航工具栏包括"主页"和"打印"等按钮。

　　"地址工具栏"复选框：用于设置是否在浏览器顶部显示地址栏。

　　"状态栏"复选框：用于设置是否在浏览器窗口底部显示状态栏，用以显示提示、状态等信息。

　　"菜单条"复选框：用于设置是否在浏览器顶部显示菜单栏，包括"文件""编辑""查看""收藏夹"和"帮助"等菜单项。

　　"需要时使用滚动条"复选框：用于设置在浏览器的内容超出可视区域时，是否显示滚动条。

　　"调整大小手柄"复选框：用于设置是否能够调整窗口的大小。

　　"窗口名称"选项：用于输入新窗口的名称。因为通过 JavaScript 使用链接指向新窗口或控制新窗口，所以应该对新窗口进行命名。

10.2.2 转到 URL

"转到 URL"动作的功能是在当前窗口或指定的框架中打开一个新页。此操作尤其适用于通过一次单击操作更改两个或多个框架的内容。

使用"转到 URL"动作的具体操作步骤如下。

（1）选择一个网页元素对象并打开"行为"面板。

（2）单击"添加行为"按钮 + ，并从弹出的菜单中选择"转到 URL"命令，弹出"转到 URL"对话框，如图 10-8 所示。在对话框中根据需要设置相应的选项，单击"确定"按钮完成设置。

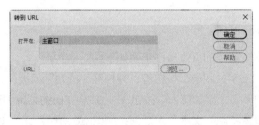

图 10-8

对话框中各选项的作用如下。

"打开在"选项：列表自动列出当前框架集中所有框架的名称及主窗口。如果没有任何框架，则主窗口是唯一的选项。

"URL"选项：单击"浏览"按钮选择要打开的文档，或输入网页文件的地址。

10.2.3 设置容器的文本

使用"设置层文本"动作的具体操作步骤如下。

（1）单击"插入"面板"HTML"选项卡中的"Div"按钮 ，在文档窗口中生成一个 div 容器。选中窗口中的 div 容器，在"属性"面板的"Div ID"选项的文本框中输入一个名称。

（2）在文档窗口中选择一个对象，如文字、图像、按钮等，并打开"行为"面板。

（3）在"行为"面板中，单击"添加行为"按钮 + ，并从弹出的菜单中选择"设置文本 > 设置容器的文本"命令，弹出"设置容器的文本"对话框，如图 10-9 所示。

图 10-9

对话框中各选项的作用如下。

"容器"选项：用于选择目标层。

"新建 HTML"选项：用于输入层内显示的消息或相应的 JavaScript 代码。

在对话框中根据需要选择相应的层，并在"新建 HTML"选项中输入层内显示的消息，单击"确定"按钮完成设置。

（4）如果不是默认事件，则单击该事件，会出现箭头按钮 ∨，单击 ∨，弹出包含全部事件的事件列表，用户可根据需要选择相应的事件。

（5）按 F12 键浏览网页效果。

> **提示** 可以在文本中嵌入任何有效的 JavaScript 函数调用、属性、全局变量或其他表达式，但要嵌入一个 JavaScript 表达式，需将其放置在大括号 （{}） 中。若要显示大括号，则需在它前面加一个反斜杠 （\{}），如 The URL for this page is {window.location}, and today is {new Date()}。

10.2.4　设置状态栏文本

使用"设置状态栏文本"动作的具体操作步骤如下。

（1）选择一个对象，如文字、图像、按钮等，并打开"行为"面板。

（2）在"行为"面板中单击"添加行为"按钮 ➕，并从弹出的菜单中选择"设置文本 > 设置状态栏文本"命令，弹出"设置状态栏文本"对话框，如图 10-10 所示。对话框中只有一个"消息"选项，用于在文本框中输入要在状态栏中显示的消息。消息要简明扼要，否则，浏览器将把溢出的消息截断。

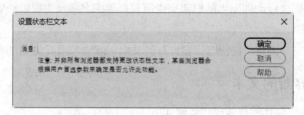

图 10-10

在对话框中根据需要输入状态栏消息或相应的 JavaScript 代码，单击"确定"按钮完成设置。

（3）如果不是默认事件，在"行为"控制面板中单击该动作前的事件列表，选择相应的事件。

（4）按 F12 键浏览网页效果。

10.2.5　设置文本域文字

使用"设置文本域文字"动作的具体操作步骤如下。

（1）若文档中没有"文本域"对象，则要创建命名的文本域，先选择"插入 > 表单 > 文本区域"命令，在页面中创建文本区域。然后在"属性"面板的"文本区域"选项中输入该文本域的名称，并使该名称在网页中是唯一的，如图 10-11 所示。

图 10-11

（2）选择文本域并打开"行为"面板。

（3）在"行为"面板中单击"添加行为"按钮 **+**，并从弹出的菜单中选择"设置文本 > 设置文本域文字"命令，弹出"设置文本域文字"对话框，如图 10-12 所示。

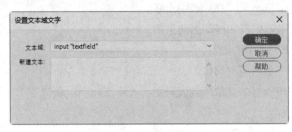

图 10-12

对话框中各选项的作用如下。

"文本域"选项：用于选择目标文本域。

"新建文本"选项：用于输入要替换的文本信息或相应的 JavaScript 代码。如要在表单文本域中显示网页的地址和当前日期，则在"新建文本"选项中输入"The URL for this page is {window.location}, and today is {new Date()}."。

在对话框中根据需要选择相应的文本域，并在"新建文本"选项中输入要替换的文本信息或相应的 JavaScript 代码，单击"确定"按钮完成设置。

（4）如果不是默认事件，则单击该事件，会弹出包含全部事件的事件列表，用户可根据需要选择相应的事件。

（5）按 F12 键浏览网页效果。

10.2.6 跳转菜单

跳转菜单是创建链接的一种形式，与真正的链接相比，跳转菜单可以节省很大的空间。跳转菜单从表单中的菜单发展而来，通过"行为"面板中的"跳转菜单"选项进行添加。

使用"跳转菜单"动作的具体操作步骤如下。

（1）新建一个空白页面，并将其保存在适当的位置。单击"插入"面板"表单"选项卡中的"表单"按钮 ，在页面中插入一个表单，如图 10-13 所示。

（2）单击"插入"面板"表单"选项卡中的"选择"按钮 ，在表单中插入一个列表菜单，如图 10-14 所示。选中英文"Select:"并按 Delete 键将其删除，效果如图 10-15 所示。

图 10-13　　　　　　　　图 10-14　　　　　　　　图 10-15

（3）在页面中选择列表菜单，打开"行为"面板，单击"添加行为"按钮 **+**，并从弹出的菜单中选择"跳转菜单"命令，弹出"跳转菜单"对话框，如图 10-16 所示。

对话框中各选项的作用如下。

"添加项"按钮 ✚ 和"移除项"按钮 ━：用于添加或删除菜单项。

"在列表中下移项"按钮 ▼ 和"在列表中上移项"按钮 ▲：用于在菜单项列表中移动当前菜单项，设置该菜单项在菜单列表中的位置。

"菜单项"选项：用于显示所有菜单项。

"文本"选项：用于设置当前菜单项的显示文字，它会出现在菜单列表中。

"选择时，转到 URL"选项：用于为当前菜单项设置当浏览者单击它时要打开的网页地址。

图 10-16

"打开 URL 于"选项：用于设置打开浏览网页的窗口类型，包括"主窗口"和"框架"两个选项。选择"主窗口"选项表示在同一个窗口中打开文件；选择"框架"选项表示在所选中的框架中打开文件，但选择该选项前应先给框架命名。

"更改 URL 后选择第一个项目"选项：用于设置浏览者通过跳转菜单打开网页后，该菜单项是否为第一个菜单项目。

在对话框中根据需要更改和重新排列菜单项、更改要跳转到的文件及更改这些文件在其中打开的窗口，然后单击"确定"按钮完成设置。

（4）如果不是默认事件，则单击该事件，会出现"箭头"按钮 ∨，单击 ∨，弹出包含全部事件的事件列表，用户可根据需要选择相应的事件。

（5）按 F12 键浏览网页。

10.2.7　跳转菜单开始

"跳转菜单开始"动作与"跳转菜单"动作密切关联。"跳转菜单开始"动作将一个"前往"按钮和一个跳转菜单关联起来，单击"前往"按钮打开在该跳转菜单中选择的链接。通常情况下，跳转菜单不需要一个"前往"按钮。但是如果跳转菜单出现在一个框架中，而跳转菜单项链接到其他框架中的页，则通常需要使用"前往"按钮，以允许访问者重新选择已在跳转菜单中选择的项。

使用"跳转菜单开始"动作的具体操作步骤如下。

（1）打开案例效果窗口，如图 10-17 所示。选中列表菜单，在"属性"面板中单击"列表值"按钮，弹出"列表值"对话框，单击"添加项目"按钮 ✚，再添加一个项目，如图 10-18 所示，单击"确定"按钮，完成列表值的修改。

（2）将光标置于列表菜单的后面，单击"插入"面板"表单"选项卡中的"按钮"按钮 ▭，在表单中插入一个按钮，在"属性"面板中将"Value"设为"前往"，效果如图 10-19 所示。

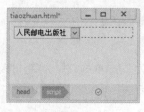

图 10-17

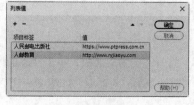

图 10-18

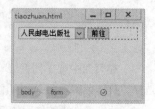

图 10-19

（3）选中按钮，在"行为"面板中单击"添加行为"按钮 +，并从弹出的菜单中选择"跳转菜单开始"命令，弹出"跳转菜单开始"对话框，如图 10-20 所示。在"选择跳转菜单"选项的下拉列表中，选择"前往"按钮要激活的菜单，然后单击"确定"按钮完成设置。

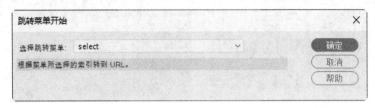

图 10-20

（4）如果不是默认事件，则单击该事件，会出现"箭头"按钮 ∨，单击 ∨，弹出包含全部事件的事件列表，用户可根据需要选择相应的事件。

（5）按 F12 键浏览网页，如图 10-21 所示，单击"前往"按钮，跳转到相应的页面，效果如图 10-22 所示。

图 10-21

图 10-22

10.2.8 课堂案例——品牌商城网页

【案例学习目标】使用"行为"面板设置交换图像效果。

【案例知识要点】使用"交换图像"命令，制作鼠标指针经过图像时图像发生变化的效果，如图 10-23 所示。

【效果所在位置】云盘/Ch10/效果/品牌商城网页/index.html。

（1）选择"文件 > 打开"命令，在弹出的"打开"对话框中，选择云盘中的"Ch10 > 素材 > 品牌商城网页 > index.html"文件，单击"打开"按钮打开文件，如图 10-24 所示。选中图 10-25 所示的图片。

图 10-23

图 10-24 图 10-25

（2）选择"窗口 > 行为"命令，弹出"行为"面板，单击面板中的"添加行为"按钮 ，在弹出的菜单中选择"交换图像"命令，弹出"交换图像"对话框，如图 10-26 所示。单击"设定原始档为"选项右侧的"浏览…"按钮，在弹出的"选择图像源文件"对话框中，选择云盘中的"Ch10 > 素材 > 品牌商城网页 > images > img_02.jpg"文件，如图 10-27 所示，单击"确定"按钮，返回"交换图像"对话框中，如图 10-28 所示，单击"确定"按钮，"行为"面板如图 10-29 所示。

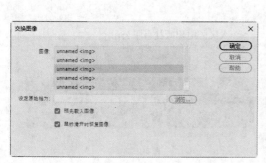

图 10-26 图 10-27

图 10-28 图 10-29

（3）保存文档，按 F12 键预览效果，如图 10-30 所示，当鼠标指针滑过图像时，图像发生变化，如图 10-31 所示。

图 10-30

图 10-31

课堂练习——活动详情页

【练习知识要点】使用"弹出信息"命令，为页面添加弹出信息效果，如图 10-32 所示。

【效果所在位置】云盘 /Ch10 效果 / 活动详情页 / index1.html。

图 10-32

课后习题——爱在七夕网页

【习题知识要点】使用"打开浏览器窗口"命令，制作在网页中显示指定大小的弹出窗口效果，如图 10-33 所示。

【效果所在位置】云盘 /Ch10/ 效果 / 爱在七夕网页 / index.html。

图 10-33

第 11 章
网页代码

在 Dreamweaver 中插入的网页内容及动作都会自动转换为代码。本章主要讲解了网页代码的使用方法和应用技巧。通过这些内容的学习，学生可以直接编写或修改代码，实现 Web 页的交互效果。

课堂学习目标

- ✔ 了解网页代码
- ✔ 掌握标签库插入标签的方法
- ✔ 掌握常用的 HTML 标签
- ✔ 掌握响应的 HTML 事件

11.1 网页代码概述

编写网页代码需要细心，代码中很小的错误都会导致网页中致命的错误，使网页无法被正常浏览。Dreamweaver CC 2019 2019 提供了标签库编辑器来有效地创建源代码。

11.1.1 代码提示功能

代码提示是网页制作者在代码窗口中编写或修改代码的有效工具。只要在"代码"视图的相应标签间按下"<"或"Space"键，就会出现关于该标签常用属性、方法、事件的代码提示下拉列表，如图 11-1 所示。

```
19 ▼ <body bgcolor="#FFFFFF" onLoad="MM_popupMsg('欢迎进入签到页')">
20
21 ▼ <table width="1200" height="1100" border="0" align="center" cellpadding="0" cellspacing="0">
22 ▼    <tr>
23           <td >
24                abbr        1.jpg" width="1200" height="426" alt=""></td>
25        </tr>
26 ▼    <tr>       align
27        <td    aria-
28                axis        2.jpg" width="1200" height="542" alt=""></td>
29        </tr>    background
30 ▼    <tr>
31        <td>
32                <img src="images/pic_03.jpg" width="1200" height="132" alt=""></td>
33        </tr>
```

图 11-1

在标签检查器中不能列出所有参数，如 onResize 等，但在代码提示列表中可以一一列出。因此，代码提示功能是网页制作者编写或修改代码的一个方便、有效的工具。

11.1.2　使用标签库插入标签

在 Dreamweaver CC 2019 中，标签库中有一组特定类型的标签，其中还包含 Dreamweaver CC 2019 应如何设置标签格式的信息。标签库提供了 Dreamweaver CC 2019 用于代码提示、目标浏览器检查、标签选择器和其他代码功能的标签信息。使用标签库编辑器，可以添加和删除标签库、标签和属性，设置标签库的属性及编辑标签和属性。

选择"工具 > 标签库"命令，弹出"标签库编辑器"对话框，如图 11-2 所示。标签库中列出了绝大部分语言所用到的标签及其属性参数，设计者可以轻松地添加和删除标签库、标签和属性。

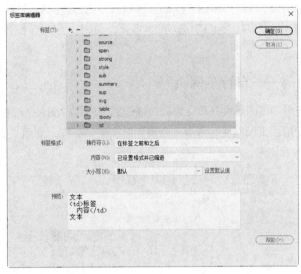

图 11-2

1.　新建标签库

打开"标签库编辑器"对话框，单击"加号"按钮 ，在弹出的菜单中选择"新建标签库"命令，弹出"新建标签库"对话框，在"库名称"选项的文本框中输入一个名称，如图 11-3 所示，单击"确定"按钮完成设置。

图 11-3

2.　新建标签

打开"标签库编辑器"对话框，单击"加号"按钮 ，在弹出的菜单中选择"新建标签"命令，弹出"新建标签"对话框，如图 11-4 所示。先在"标签库"选项的下拉列表中选择一个标签库，然后在"标签名称"选项的文本框中输入新标签的名称。若要添加多个标签，则输入这些标签的名称，中间以逗号和空格来分隔标签的名称，如"First Tags，Second Tags"。如果新的标签具有相应的结束标签 (</...>)，则选择"具有匹配的结束标签"复选框，最后单击"确定"按钮完成设置。

图 11-4

3. 新建属性

执行"新建属性"命令可为标签库中的标签添加新的属性。启用"标签库编辑器"对话框，单击
"加号"按钮 ，在弹出的菜单中选择"新建属性"命令，弹出
"新建属性"对话框，如图 11-5 所示，设置对话框中的选项。
一般情况下，在"标签库"选项的下拉列表中选择一个标签库，
在"标签"选项的下拉列表中选择一个标签，在"属性名称"选
项的文本框中输入新属性的名称。若要添加多个属性，则输入这
些属性的名称，中间以逗号和空格来分隔标签的名称，如
"width，height"，最后单击"确定"按钮完成设置。

图 11-5

4. 删除标签库、标签或属性

打开"标签库编辑器"对话框。先在"标签"选项框中选择一个标签库、标签或属性，再单击
"减号"按钮 ，则将选中的项从"标签"选项框中删除，单击"确定"按钮关闭"标签库编辑器"
对话框。

11.1.3 课堂案例——自行车网页

【案例学习目标】使用"页面属性"命令修改页面边距，使用"插入"面板制作浮动框架效果。

【案例知识要点】使用"页面属性"命令改变页面的边距和标题，使用"IFRAME"按钮，制作
浮动框架效果，如图 11-6 所示。

图 11-6

【效果所在位置】云盘/Ch11/效果/自行车网页/index.html。

（1）打开 Dreamweaver CC 2019，新建一个空白文档。新建文档的初始名称为"Untitled-1"。
选择"文件 > 保存"命令，弹出"另存为"对话框。在"保存在"下拉列表中选择当前站点目录保
存路径，在"文件名"文本框中输入"index"，单击"保存"按钮，返回网页编辑窗口。

（2）选择"文件 > 页面属性"命令，弹出"页面属性"对话框，在左侧的"分类"列表中选择
"外观（CSS）"选项，将"左边距""右边距""上边距"和"下边距"均设为 0 px，如图 11-7 所示；
在左侧的"分类"列表中选择"标题/编码"选项，在"标题"文本框中输入"自行车网页"，如图 11-8
所示，单击"确定"按钮，完成页面属性的修改。

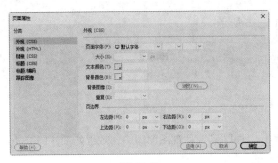
图 11-7

图 11-8

（3）单击"文档"工具栏中的"拆分"按钮 拆分 ，进入"拆分"视图窗口。将光标置于<body>标签后面，按 Enter 键，将光标切换到下一段，如图 11-9 所示。单击"插入"面板"HTML"选项卡中的"IFRAME"按钮 回 ，在光标所在的位置自动生成代码，如图 11-10 所示。

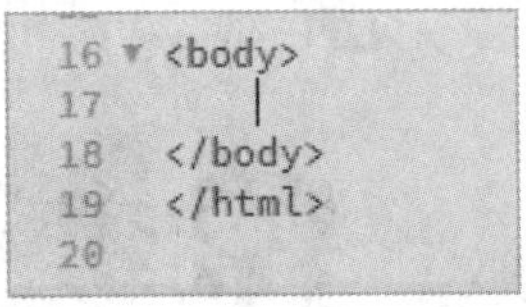

图 11-9

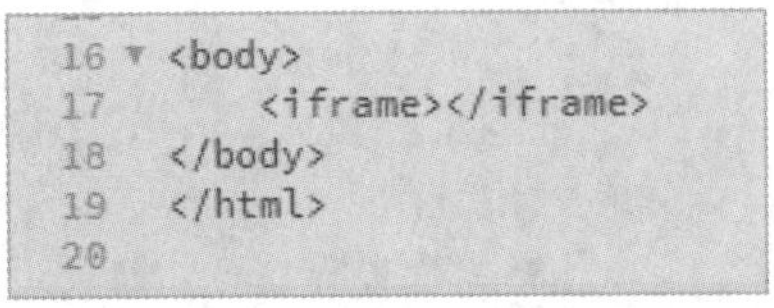

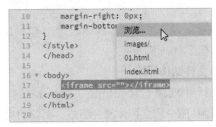
图 11-10

（4）将光标置于<iframe>标签中，按一次空格键，标签列表中出现该标签的属性参数，在其中选择属性"src"，如图 11-11 所示，出现"浏览…"属性，如图 11-12 所示，单击"浏览…"属性，在弹出的"选择文件"对话框中选择本书学习资源中的"Ch11 > 素材 > 自行车网页 > 01.html"文件，如图 11-13 所示，单击"确定"按钮，返回到文档窗口，代码如图 11-14 所示。

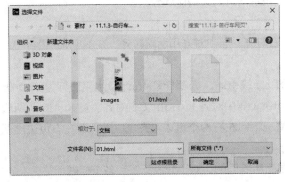
图 11-11

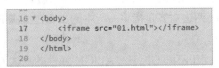
图 11-12

图 11-13

图 11-14

（5）在<iframe>标签中添加其他属性，如图 11-15 所示。

```
16 ▼ <body>
17         <iframe src="01.html" width="800" height="500"></iframe>
18    </body>
19    </html>
20
```

图 11-15

（6）单击"文档"工具栏中的"设计"按钮 设计 ，返回到设计视图窗口中，效果如图 11-16 所示。保存文档，按 F12 键预览效果，如图 11-17 所示。

图 11-16

图 11-17

11.2 常用的 HTML 标签

HTML 是一种超文本置标语言，HTML 文件是被网络浏览器读取并产生网页的文件。常用的 HTML 标签有以下几种。

1. 文件结构标签

文件结构标签包含<html>、<head>、<title>、<body>等。<html>标签用于表示页面的开始，它由文档头部分和文档体部分组成，浏览时只显示文档体部分。<head>标签用于表示网页的开头部分，开头部分用以存载重要信息，如注释、meta 和标题等。<title>标签用于表示页面的标题，浏览时在浏览器的标题栏上显示。<body>标签用于表示网页的文档体部分。

2. 排版标签

在网页中有 4 种段落对齐方式：左对齐、右对齐、居中对齐和两端对齐。在 HTML 语言中，可以使用 ALIGN 属性来设置段落的对齐方式。

ALIGN 属性可以应用于多种标签，如分段标签<p>、标题标签<hn>及水平线标签<hr>等。ALIGN 属性的取值可以是 left（左对齐）、center（居中对齐）、right（右对齐）及 justify（两边对齐）。两边对齐是指将一行中的文本在排满的情况下向左右两个页边对齐，以避免在左右页边出现锯齿状。

对于不同的标签，ALIGN 属性的默认值是有所不同的。对于分段标签和各个标题标签，ALIGN 属性的默认值为 left；对于水平线标签<hr>，ALIGN 属性的默认值为 center。若要将文档中的多个段落设置成相同的对齐方式,可将这些段落置于<div>和</div>标签之间组成一个节,并使用 ALIGN 属性来设置该节的对齐方式。如果要将部分文档内容设置为居中对齐,也可以将这部分内容置于 <center>和</center>标签之间。

3. 列表标签

列表分为无序列表和有序列表两种。<li>标签标志无序列表,如项目符号;<ol>标签标志有序列表,如标号。

4. 表格标签

表格标签包括表格标签<table>、表格标题标签<caption>、表格行标签<tr>、表格字段名标签 <th>、列标签<td>等几个标签。

5. 框架

框架网页将浏览器上的视窗分成不同区域,在每个区域中都可以独立显示一个网页。框架网页通过一个或多个<frmaeset>和<frame>标签来定义。框架集包含如何组织各个框架的信息,可以通过 <frmaeset>标签来定义。框架集<frmaeset>标签置于<head>标签之后,以取代<body>标签的位置,还可以使用<noframes>标签给出框架不能被显示时的替换内容。框架集<frmaeset>标签中包含多个 <frame>标签,用以设置框架的属性。

6. 图形标签

图形标签为<img>,其常用参数是<src>和<alt>属性,用于设置图像的位置和替换文本。SRC 属性给出图像文件的 URL 地址,图像可以是 JPEG 文件、GIF 文件或 PNG 文件。ALT 属性给出图像的简单文本说明,这段文本在浏览器不能显示图像时显示出来,或图像加载时间过长时先显示出来。

<img>标签不仅用于在网页中插入图像,也可以用于播放 Video for Windows 的多媒体文件 (*.avi)。若要在网页中播放多媒体文件,应在<img>标签中设置 dynsrc、start、loop、Controls 和 loopdelay 属性。

例如,表示将影片循环播放 3 次,中间延时 250 ms 的代码如下。

```
<img src="SAMPLE-S.GIF" dynsrc="SAMPLE-S.AVI" loop=3 loopdelay=250>
```

例如,表示在鼠标指针移到 AVI 播放区域之上时才开始播放 SAMPLE-S.AVI 影片的代码如下。

```
<img src="SAMPLE-S.GIF" dynsrc="SAMPLE-S.AVI" start=mouseover>
```

7. 链接标签

链接标签为<a>,其常用参数有 href (标志目标端点的 URL 地址)、target (显示链接文件的一个窗口或框架)、title (显示链接文件的标题文字)。

8. 表单标签

表单在 HTML 页面中起着重要作用,它是与用户交互信息的主要手段。一个表单至少应该包括说明性文字、用户填写的表格、“提交”和“重填”按钮等内容。用户填写了所需的资料之后,单击 “提交”按钮,所填资料就会通过专门的 CGI 接口传到 Web 服务器上。网页的设计者随后就能在 Web 服务器上看到用户填写的资料,从而完成从用户到作者之间的反馈和交流。

表单中主要包括下列元素:普通按钮、单选按钮、复选框、下拉式菜单、单行文本框、多行文本框、“提交”按钮、“重填”按钮。

9. 滚动标签

滚动标签是<marquee>，它会将其文字和图像进行滚动，形成滚动字幕的页面效果。

10. 载入网页的背景音乐标签

载入网页的背景音乐标签是<bgsound>，它可设定页面载入时的背景音乐。

11.3 响应的 HTML 事件

11.3.1 调用事件

前面已经介绍了基本的事件及其触发条件，现在讨论在代码中调用事件过程的方法。调用事件过程有 3 种方法，下面以在按钮上单击鼠标左键弹出欢迎对话框为例介绍调用事件过程的方法。

1. 通过名称调用事件过程

```
<HTML>
<HEAD>
<TITLE>事件过程调用的实例</TITLE>
<SCRIPT LANGUAGE=vbscript>
<!--
sub bt1_onClick()
msgbox "欢迎使用代码实现浏览器的动态效果！"
end sub
-->
</SCRIPT>
</HEAD>
<BODY>
<INPUT name=bt1 type="button" value="单击这里">
</BODY>
</HTML>
```

2. 通过 FOR/EVENT 属性调用事件过程

```
<HTML>
<HEAD>
<TITLE>事件过程调用的实例</TITLE>
<SCRIPT LANGUAGE=vbscript for="bt1" event="onclick">
<!--
msgbox "欢迎使用代码实现浏览器的动态效果！"
-->
</SCRIPT>
</HEAD>
<BODY>
<INPUT name=bt1 type="button" value="单击这里">
</BODY>
</HTML>
```

3. 通过控件属性调用事件过程

```
<HTML>
<HEAD>
```

```
<TITLE>事件过程调用的实例</TITLE>
<SCRIPT LANGUAGE=vbscript >
<!--
sub msg()
msgbox "欢迎使用代码实现浏览器的动态效果! "
end sub
-->
</SCRIPT>
</HEAD>
<BODY>
 <INPUT name=bt1 type="button" value="单击这里" onclick="msg">
</BODY>
</HTML>
<HTML>
<HEAD>
<TITLE>事件过程调用的实例</TITLE>
</HEAD>
<BODY>
<INPUT name=bt1 type="button" value="单击这里" onclick='msgbox "欢迎使用代码实现浏
览器的动态效果! "' language="vbscript">
</BODY>
</HTML>
```

11.3.2 课堂案例——土特产网页

【案例学习目标】使用网页代码设置禁止滚动和禁止使用单击右键效果。

【案例知识要点】使用"代码"视图,手动输入代码设置禁止滚动和禁止使用单击右键效果,如图 11-18 所示。

【效果所在位置】云盘/Ch11/效果/土特产网页/index.html。

1. 制作浏览器窗口始终不出现滚动条

(1)选择"文件 > 打开"命令,在弹出的"打开"对话框中,选择云盘中的"Ch11 > 素材 > 土特产网页 > index.html"文件,单击"打开"按钮打开文件,如图 11-19 所示。

(2)单击文档窗口左上方的"代码"按钮 拆分 ,切换至"代码"视图中,在标签"<body>"中置入光标,按 Spacebar 键,如图 11-20 所示。输入代码 style="overflow-x:hidden; overflow-y:hidden",如图 11-21 所示。

图 11-18

图 11-19

```
106      </head>
107
108 ▼ <body>
109 ▼ <table width="1600"
110 ▼     <tr>
111 ▼         <td height="30"
```

图 11-20

```
106      </head>
107
108 ▼ <body style="overflow-x:hidden; overflow-y:hidden">
109 ▼ <table width="1600" border="0" align="center" cellpadding=
110 ▼     <tr>
111 ▼         <td height="30" align="center" class="bj"><table width
```

图 11-21

（3）保存文档，按 F12 键预览效果，如图 11-22 所示。

添加代码前

添加代码后

图 11-22

2. 制作禁止使用单击右键

（1）返回 Dreamweaver 文档编辑窗口，将窗口切换至"代码"视图窗口中，在<head>和</head>之间输入以下代码。

```
<script language=javascript>
function click() {
}
function click1() {
if (event.button==2) {
alert('禁止使用单击右键! ') }}
function CtrlKeyDown(){
if (event.ctrlKey) {
```

```
alert('不当的拷贝将损害您的系统！') }}
document.onkeydown=CtrlKeyDown;
document.onselectstart=click;
document.onmousedown=click1;
</script>
```

如图 11-23 所示。

（2）保存文档，按 F12 键预览效果。单击鼠标右键，弹出提示对话框，如图 11-24 所示，禁止使用单击右键。

图 11-23   图 11-24

课堂练习——品质狂欢节网页

【练习知识要点】使用"页面属性"命令改变页面的边距和标题，使用"IFRAME"按钮，制作浮动框架效果，如图 11-25 所示。

图 11-25

【效果所在位置】云盘/Ch11/效果/品质狂欢节网页/ index.html。

课后习题——机电设备网页

【习题知识要点】使用"页面属性"命令，添加页面标题；使用"IFRAME"按钮，制作浮动框架效果，如图 11-26 所示。

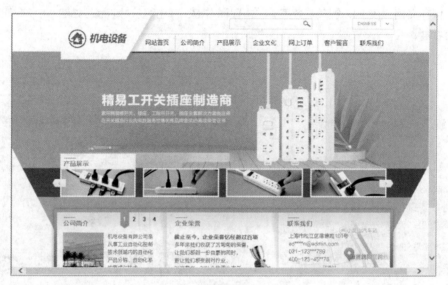

图 11-26

【效果所在位置】云盘/Ch11/效果/机电设备网页/ index.html。

下篇
案例实训篇

第12章
游戏娱乐网页

游戏娱乐网页包含游戏网页和娱乐网页两大主题，是现在最热门的网页，主要针对的是喜欢游戏、追逐娱乐和流行文化的青年。本章以多个类型的游戏娱乐网页为例，讲解游戏娱乐网页的设计方法和制作技巧。

课堂学习目标

- 了解游戏娱乐网页的内容和服务
- 掌握游戏娱乐网页的设计流程
- 掌握游戏娱乐网页的设计布局
- 掌握游戏娱乐网页的制作方法

12.1　游戏娱乐网页概述

游戏网页以游戏服务和玩家互动娱乐为核心，整合多种信息传媒，提供游戏官网群、玩家圈子、图片中心、论坛等一系列优质的联动服务，满足游戏玩家个性展示和游戏娱乐的需求。娱乐网页提供了各类娱乐的相关信息，包括时尚、电影、电视、音乐、新闻、最新动态等在线内容。

12.2　锋七游戏网页

12.2.1　案例分析

锋七游戏网站提供了各种各样的游戏和配套的讲解说明，为喜爱游戏的用户所青睐。本例是为锋七游戏公司设计制作的游戏网页界面。要求网页的设计布局要清晰合理，设计风格要具有个性，体现出游戏的趣味性和灵活性。

在设计制作过程中，页面整体色调应搭配舒适，营造出炫酷、神秘的游戏氛围。导航栏置于页面的上方，方便游戏玩家浏览；不同版本的下载方式可满足玩家的不同需求；在导航栏中的小游戏栏目中选择好游戏后，有趣的游戏界面将显示在页面的中心位置，使玩家可以尽情享受游戏。

本例使用"Table"按钮，插入布局表格；使用"Image"按钮，插入图像；使用"CSS 设计器"面板，控制文字的字体、大小、颜色和行距；使用"属性"面板，设置单元格的宽度和高度。

12.2.2 案例设计

本案例效果如图 12-1 所示。

图 12-1

12.2.3 案例制作

1. 制作导航和焦点图区域

（1）选择"文件 > 新建"命令，新建空白文档。选择"文件 > 保存"命令，弹出"另存为"对话框。在"保存在"选项的下拉列表中选择当前站点目录保存路径，在"文件名"选项的文本框中输入"index"，单击"保存"按钮，返回网页编辑窗口。

（2）选择"文件 > 页面属性"命令，弹出"页面属性"对话框。在左侧的"分类"列表中选择"外观（CSS）"选项，将右侧的"页面字体"选项设为"宋体"，"大小"选项设为 12，"文本颜色"选项设为灰色（#646464），"左边距""右边距""上边距""下边距"选项均设为 0，如图 12-2 所示。

（3）在左侧的"分类"列表中选择"标题/编码"选项，在右侧的"标题"选项文本框中输入"锋七游戏网页"，如图 12-3 所示，单击"确定"按钮，完成页面属性的修改。

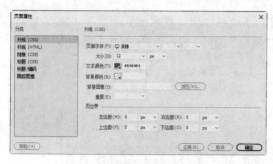

图 12-2　　　　　　　　　　　　　　　图 12-3

（4）单击"插入"面板"HTML"选项卡中的"Table"按钮 ▦，在弹出的"Table"对话框中进行设置，如图 12-4 所示，单击"确定"按钮完成表格的插入。保持表格的选取状态，在"属性"面板"Align"选项的下拉列表中选择"居中对齐"选项，效果如图 12-5 所示。

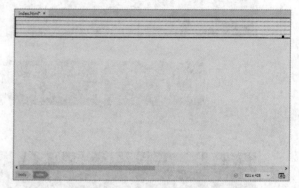

图 12-4　　　　　　　　　　　　　　　图 12-5

（5）将光标置入到第 1 行单元格中，在"属性"面板"水平"选项的下拉列表中选择"居中对齐"选项，将"高"选项设为 72。在该单元格中插入一个 1 行 2 列、宽为 1 160 像素的表格，效果如图 12-6 所示。

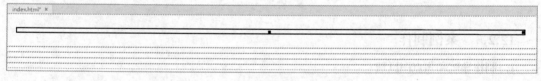

图 12-6

（6）将光标置入刚插入表格的第 1 列单元格中，单击"插入"面板"HTML"选项卡中的"Image"按钮 ▨，在弹出的"选择图像源文件"对话框中，选择云盘中"Ch12 > 素材 > 锋七游戏网页 > images"文件夹中的"logo.jpg"文件，单击"确定"按钮，完成图片的插入，如图 12-7 所示。

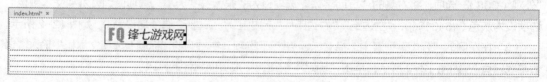

图 12-7

（7）将光标置入第 2 列单元格中，在"属性"面板"水平"选项的下拉列表中选择"右对齐"选项，在该单元格中输入文字，如图 12-8 所示。

图 12-8

（8）选择"窗口 > CSS 设计器"命令，弹出"CSS 设计器"面板，如图 12-9 所示。单击"选择器"选项组中的"添加选择器"按钮 ╋，在"选择器"选项组中出现文本框，输入名称".text"，按 Enter 键确认输入，如图 12-10 所示；在"属性"选项组中单击"文本"按钮 **T**，切换到文本属性，将"font-family"设为"微软雅黑"，"font-size"设为 16 px，如图 12-11 所示。

图 12-9

图 12-10

图 12-11

（9）选中图 12-12 所示的文字，在"属性"面板"类"选项的下拉列表中选择"text"选项，应用样式，效果如图 12-13 所示。

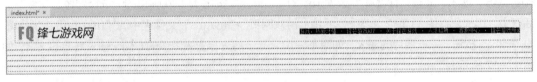

图 12-12

图 12-13

（10）将光标置入主体表格的第 2 行单元格中，单击"插入"面板"HTML"选项卡中的"Image"

按钮 🖼，在弹出的"选择图像源文件"对话框中，选择云盘中"Ch12 > 素材 > 锋七游戏网页 > images"文件夹中的"pic_0.jpg"文件，单击"确定"按钮，完成图片的插入，如图 12-14 所示。

图 12-14

2. 制作游戏介绍区域

（1）将光标置入第 3 行单元格中，在"属性"面板"水平"选项的下拉列表中选择"居中对齐"选项，"垂直"选项的下拉列表中选择"顶端"选项，将"高"选项设为 420，在该单元格中插入一个 3 行 5 列、宽为 1 200 像素的表格，效果如图 12-15 所示。

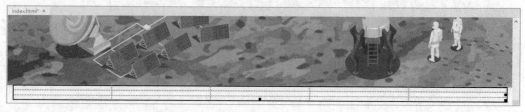

图 12-15

（2）将光标置入刚插入表格的第 1 行第 1 列单元格中，在"属性"面板中，将"高"选项设为 80。单击"插入"面板"HTML"选项卡中的"Image"按钮 🖼，在弹出的"选择图像源文件"对话框中，选择云盘中"Ch12 > 素材 > 锋七游戏网页 > images"文件夹中的"line.jpg"文件，单击"确定"按钮，完成图片的插入，如图 12-16 所示。将光标置入图像的右侧，输入需要的文字，如图 12-17 所示。

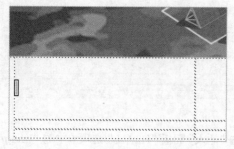

图 12-16

图 12-17

（3）在"CSS 设计器"面板中单击"选择器"选项组中的"添加选择器"按钮，在"选择器"选项组中出现文本框，输入名称".pic"，按 Enter 键确认输入，如图 12-18 所示；在"属性"选项组中单击"文本"按钮，切换到文本属性，将"vertical-align"设为"middle"，如图 12-19 所示；单击"布局"按钮，切换到布局属性，将"margin-right"设为 10 px，如图 12-20 所示。

图 12-18

图 12-19

图 12-20

（4）选中图 12-21 所示的图像，在"属性"面板"类"选项的下拉列表中选择"pic"选项，应用样式，效果如图 12-22 所示。

图 12-21

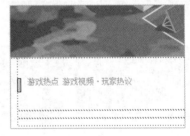
图 12-22

（5）按住 Ctrl 键的同时，将第 2 行第 2 列和第 4 列单元格同时选中，如图 12-23 所示。在"属性"面板中，将"宽"选项设为 25，效果如图 12-24 所示。

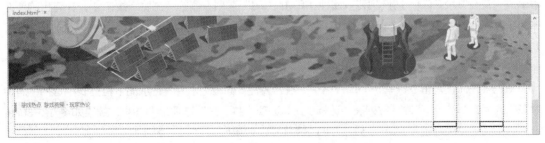
图 12-23

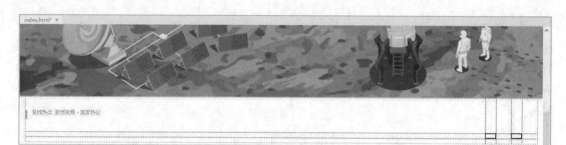

图 12-24

（6）将光标置入第 2 行第 1 列单元格中，单击"插入"面板"HTML"选项卡中的"Image"按钮 ，在弹出的"选择图像源文件"对话框中，选择云盘中"Ch12 > 素材 > 锋七游戏网页 > images"文件夹中的"pic_1.jpg"文件，单击"确定"按钮，完成图片的插入，如图 12-25 所示。用相同的方法在其他单元格中插入相应的图像，效果如图 12-26 所示。

图 12-25

图 12-26

（7）在"CSS 设计器"面板中单击"选择器"选项组中的"添加选择器"按钮 ，在"选择器"选项组中出现文本框，输入名称".bj"，按 Enter 键确认输入，如图 12-27 所示；在"属性"选项组中单击"背景"按钮 ，切换到背景属性，单击"url"选项右侧的"浏览"按钮 ，在弹出的"选择图像源文件"对话框中，选择云盘中的"Ch12 > 素材 > 锋七游戏网页 > images > bj.jpg"文件，如图 12-28 所示，单击"确定"按钮，返回到"CSS 设计器"面板，单击"background-repeat"选项右侧的"repeat-x"按钮 ，如图 12-29 所示。

（8）将光标置入第 3 行第 1 列单元格中，在"属性"面板"水平"选项的下拉列表中选择"居中对齐"选项，"类"选项的下拉列表中选择"bj"选项，将"高"选项设为 139，效果如图 12-30 所示。用相同的方法设置其他单元格并应用 CSS 样式，效果如图 12-31 所示。

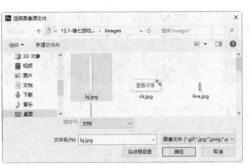

图 12-27   图 12-28   图 12-29

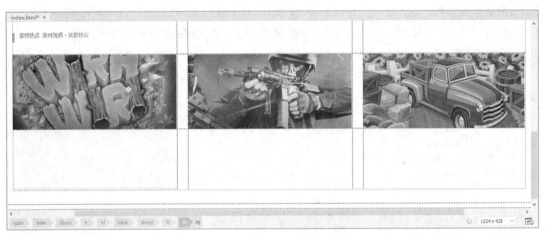

图 12-30

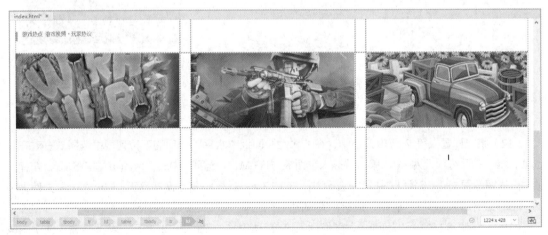

图 12-31

（9）将光标置入第 3 行第 1 列单元格中，在该单元格中插入一个 2 行 1 列、宽为 95% 的表格，效果如图 12-32 所示。将光标置入刚插入表格的第 1 行单元格中，在"属性"面板中，将"高"选项设为 60，在该单元格中输入文字，如图 12-33 所示。按 Shift+Enter 组合键，将光标切换到下一行，输入需要的文字，如图 12-34 所示。

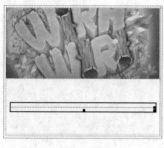

图 12-32　　　　　　　　　　图 12-33　　　　　　　　　　图 12-34

（10）在"CSS 设计器"面板中单击"选择器"选项组中的"添加选择器"按钮 ✚，在"选择器"选项组中出现文本框，输入名称".text01"，按 Enter 键确认输入，如图 12-35 所示；在"属性"选项组中单击"文本"按钮 Ⓣ，切换到文本属性，将"color"设为深灰色（#323232），"font-family"设为"微软雅黑"，"font-size"设为 16 px，"line-height"设为 25 px，如图 12-36 所示。

（11）选中文字"《谁的世界》线下 PK 赛"，在"属性"面板"类"选项的下拉列表中选择"text01"选项，应用样式，效果如图 12-37 所示。

图 12-35　　　　　　　　　　图 12-36　　　　　　　　　　图 12-37

（12）将光标置入第 2 行单元格中，在"属性"面板"水平"选项的下拉列表中选择"右对齐"选项，将"高"选项设为 40。单击"插入"面板"HTML"选项卡中的"Image"按钮 🖼，在弹出的"选择图像源文件"对话框中，选择云盘中"Ch12 ＞ 素材 ＞ 锋七游戏网页 ＞ images"文件夹中的"tb.jpg"文件，单击"确定"按钮，完成图片的插入，如图 12-38 所示。

（13）用相同的方法将"ck.jpg"图像插入该单元格中，如图 12-39 所示。将光标置入两个图像的中间，输入需要的文字，效果如图 12-40 所示。

图 12-38

图 12-39

图 12-40

（14）用相同的方法在其他元格中插入相应的图像、表格，输入文字并应用 CSS 样式，效果如图 12-41 所示。

图 12-41

3. 制作底部区域

（1）将光标置入主体表格的第 4 行单元格中，在"属性"面板"水平"选项的下拉列表中选择"居中对齐"选项，将"高"选项设为 335，"背景颜色"选项设为深灰色（#1e1f24）。在该单元格中插入一个 2 行 9 列、宽为 1 000 像素的表格，效果如图 12-42 所示。

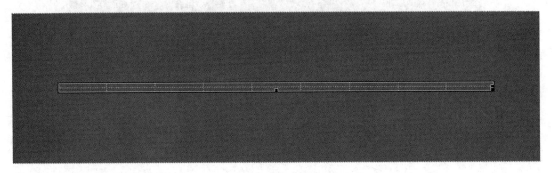

图 12-42

（2）选中刚插入表格的第 2 列单元格，单击"属性"面板中的"合并所选单元格，使用跨度"按钮　，将选中的单元格合并，在"水平"选项的下拉列表中选择"居中对齐"选项，将"宽"选项设为 35。单击"插入"面板"HTML"选项卡中的"Image"按钮　，在弹出的"选择图像源文件"对话框中，选择云盘中"Ch12 > 素材 > 锋七游戏网页 > images"文件夹中的"line01.png"文件，单击"确定"按钮，完成图片的插入，如图 12-43 所示。

图 12-43

（3）用上述方法设置第 4 列、第 6 列和第 8 列单元格，并插入"line01.png"图像，效果如图 12-44 所示。

图 12-44

（4）将光标置入第 1 行第 1 列单元格中，在"属性"面板"水平"选项的下拉列表中选择"居中对齐"选项，将"高"选项设为 150。单击"插入"面板"HTML"选项卡中的"Image"按钮 🖾，在弹出的"选择图像源文件"对话框中，选择云盘中"Ch12 > 素材 > 锋七游戏网页 > images"文件夹中的"tu_01.png"文件，单击"确定"按钮，完成图片的插入，如图 12-45 所示。

图 12-45

（5）用相同的方法设置第 1 行第 3 列、第 5 列、第 7 列和第 9 列单元格的水平对齐方式为居中，并插入相应的图像，效果如图 12-46 所示。

图 12-46

（6）将光标置入第 2 行第 1 列单元格中，在"属性"面板"水平"选项的下拉列表中选择"居中对齐"选项，"垂直"选项的下拉列表中选择"顶端"选项，在该单元格中输入文字，效果如图 12-47 所示。

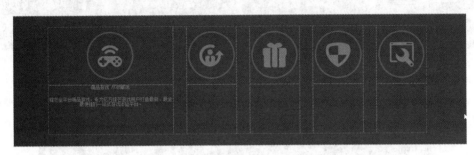

图 12-47

（7）在"CSS 设计器"面板中单击"选择器"选项组中的"添加选择器"按钮 **+**，在"选择器"选项组中出现文本框，输入名称".bt"，按 Enter 键确认输入，如图 12-48 所示；在"属性"选项组中单击"文本"按钮 **T**，切换到文本属性，将"color"设为白色（#FFFFFF），"font-family"设为"微软雅黑"，"font-size"设为 18 px，如图 12-49 所示。

（8）在"CSS 设计器"面板中单击"选择器"选项组中的"添加选择器"按钮 **+**，在"选择器"选项组中出现文本框，输入名称".text02"，按 Enter 键确认输入；在"属性"选项组中单击"文本"按钮 **T**，切换到文本属性，将"color"设为白色（#FFFFFF），"line-height"设为 20 px，单击"text-align"选项右侧的"left"按钮 **≣**，如图 12-50 所示。

图 12-48

图 12-49

图 12-50

（9）选中图 12-51 所示的文字，在"属性"面板"类"选项的下拉列表中选择"bt"选项，应用样式，效果如图 12-52 所示。选中图 12-53 所示的文字，在"属性"面板"类"选项的下拉列表中选择"text02"选项，应用样式，效果如图 12-54 所示。

（10）用相同的方法在其他单元格中输入文字，并应用相应的样式，效果如图 12-55 所示。

图 12-51　　　　　　　　图 12-52　　　　　　　　图 12-53　　　　　　　　图 12-54

图 12-55

（11）将光标置入主体表格的第 5 行单元格中，在"属性"面板"水平"选项的下拉列表中选择"居中对齐"选项，将"高"选项设为 90，"背景颜色"选项设为黑色，在该单元格中输入需要的文字，效果如图 12-56 所示。

图 12-56

（12）在"CSS 设计器"面板中单击"选择器"选项组中的"添加选择器"按钮 ✚，在"选择器"选项组中出现文本框，输入名称".text03"，按 Enter 键确认输入，如图 12-57 所示；在"属性"选项组中单击"文本"按钮 T，切换到文本属性，将"color"设为白色（#FFFFFF），"line-height"设为 20 px，如图 12-58 所示。

图 12-57　　　　　　　　　　　　　　　　图 12-58

（13）选中图 12-59 所示的文字，在"属性"面板"类"选项的下拉列表中选择"text03"选项，应用样式，效果如图 12-60 所示。

| 图 12-59 | 图 12-60 |

（14）保存文档，按 F12 键，预览网页效果，如图 12-61 所示。

图 12-61

12.3 娱乐星闻网页

12.3.1 案例分析

娱乐星闻网页为浏览者提供了娱乐明星的相关信息，包括明星的电影、电视、音乐、演出、情报站、专题、资料库、最新动态等在线内容。在设计娱乐星闻网页时要注意界面的时尚美观、布局的合理搭配，并体现出娱乐的现代感和流行文化的魅力。

在设计制作过程中，使用红色作为主色调，使画面整体清爽舒适；导航栏位于页面上方，方便用户的浏览；页面中间整齐排列的内容，可以帮助用户更快捷地了解最新的娱乐信息；网页整体内容丰富，能够使人感受到饱满的信息量。

本例使用"Table"按钮，插入表格布局网页；使用"属性"面板，设置单元格的大小；通过输入文字制作网页导航效果；使用"CSS 设计器"面板，改变单元格背景图像、文字的大小、颜色和行距。

12.3.2 案例设计

本案例效果如图 12-62 所示。

图 12-62

12.3.3　案例制作

1. 制作导航效果

（1）选择"文件 > 新建"命令，新建空白文档。选择"文件 > 保存"命令，弹出"另存为"对话框。在"保存在"选项的下拉列表中选择当前站点目录保存路径，在"文件名"选项的文本框中输入"index"，单击"保存"按钮，返回网页编辑窗口。

（2）选择"文件 > 页面属性"命令，弹出"页面属性"对话框，单击"背景图像"选项右侧的"浏览"按钮，在弹出的"选择图像源文件"对话框中，选择云盘中"Ch12 > 素材 > 娱乐星闻网页 > images"文件夹中的"bj.png"文件，单击"确定"按钮，返回"页面属性"对话框，其他选项的设置如图 12-63 所示。

（3）在左侧的"分类"列表中选择"标题/编码"选项，在右侧的"标题"选项文本框中输入"娱乐星闻网页"，如图 12-64 所示，单击"确定"按钮，完成页面属性的修改。

图 12-63

图 12-64

（4）在"插入"面板的"HTML"选项卡中单击"Table"按钮 ▦，在弹出的"Table"对话框中进行设置，如图 12-65 所示，单击"确定"按钮，完成表格的插入。保持表格的选取状态，在"属性"面板"Align"下拉列表中选择"居中对齐"选项，效果如图 12-66 所示。

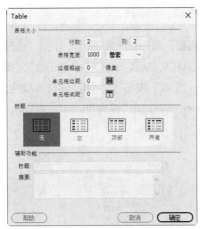

图 12-65　　　　　　　　　　　　　　　　图 12-66

（5）将第 1 行第 1 列和第 2 行第 1 列单元格同时选中，单击"属性"面板"合并所选单元格，使用跨度"按钮 ▭，将所选单元格合并。在"属性"面板"垂直"选项的下拉列表中选择"顶端"选项。单击"插入"面板"HTML"选项卡中的"Image"按钮 ▦，在弹出的"选择图像源文件"对话框中，选择云盘中"Ch12 > 素材 > 娱乐星闻网页> images"文件夹中的"logo.jpg"文件，单击"确定"按钮，完成图像的插入，效果如图 12-67 所示。

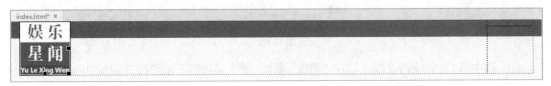

图 12-67

（6）将光标置入第 1 行第 2 列单元格中，在"属性"面板"目标规则"选项的下拉列表中选择"<新内联样式>"选项，"水平"选项的下拉列表中选择"右对齐"选项，将"高"选项设为 32，"Color"选项设为白色（#FFFFFF）。在单元格中输入文字，效果如图 12-68 所示。

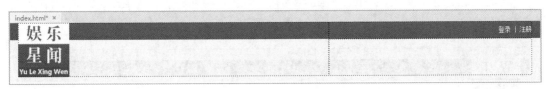

图 12-68

（7）将光标置入第 2 行第 2 列单元格中，在"属性"面板"水平"选项的下拉列表中选择"右对齐"选项，"垂直"选项的下拉列表中选择"居中"选项，将"高"选项设 81。在单元格中输入导航条文字，效果如图 12-69 所示。

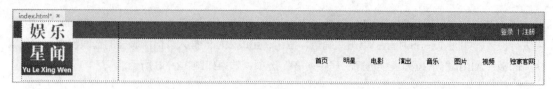

图 12-69

（8）选择"窗口 > CSS 设计器"命令，弹出"CSS 设计器"面板，如图 12-70 所示。单击"选择器"选项组中的"添加选择器"按钮 ➕，在"选择器"选项组中出现文本框，输入名称".text"，按 Enter 键确认输入，如图 12-71 所示；在"属性"选项组中单击"文本"按钮 T，切换到文本属性，将"font-family"设为"微软雅黑"，"font-size"设为 16 px，"font-weight"设为"bold"，"color"设为灰色（#646464），如图 12-72 所示。

图 12-70

图 12-71

图 12-72

（9）选中图 12-73 所示的文字，在"属性"面板"类"选项的下拉列表中选择"text"选项，应用样式，效果如图 12-74 所示。

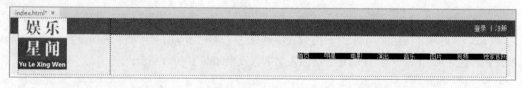

图 12-73

图 12-74

（10）选中文字"首页"，在"属性"面板"目标规则"选项的下拉列表中选择"<新内联样式>"选项，将"color"选项设为红色（#D20001），效果如图 12-75 所示。

图 12-75

（11）将光标置入文字"首页"的左侧，单击"插入"面板"HTML"选项卡中的"Image"按钮 🖼️，在弹出的"选择图像源文件"对话框中，选择云盘"Ch12 > 素材 > 娱乐星闻网页> images"文件夹中的"bz01.png"文件，单击"确定"按钮，完成图像的插入，效果如图 12-76 所示。用相同的方法在其他文字的左侧插入相应的图像，效果如图 12-77 所示。

图 12-76

图 12-77

（12）在"CSS 设计器"面板中单击"选择器"选项组中的"添加选择器"按钮 ➕，在"选择器"选项组中出现文本框，输入名称".pic"，按 Enter 键确认输入，如图 12-78 所示；在"属性"选项组中单击"文本"按钮 🔤，切换到文本属性，将"vertical-align"设为"middle"，如图 12-79 所示；单击"布局"按钮 📐，切换到布局属性，将"margin-right"设为 10 px，如图 12-80 所示。

图 12-78

图 12-79

图 12-80

（13）选中图 12-81 所示的图像，在"属性"面板"无"选项的下拉列表中选择"pic"选项，应用样式，效果如图 12-82 所示。用相同的方法为其他图像应用样式，效果如图 12-83 所示。

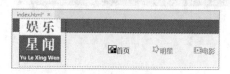

图 12-81

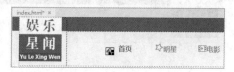

图 12-82

图 12-83

2. 添加焦点内容和娱乐新闻

（1）将光标置于表格的右侧，插入一个 10 行 1 列、宽为 1 000 像素的表格，将表格设为居中对齐，效果如图 12-84 所示。

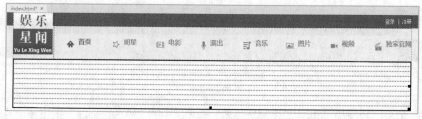

图 12-84

（2）将光标置入刚插入表格的第 1 行单元格中，在"属性"面板中，将"高"选项设为 20。将光标置入第 2 行单元格中，单击"插入"面板"HTML"选项卡中的"Image"按钮 ，在弹出的"选择图像源文件"对话框中，选择云盘"Ch12 ＞ 素材 ＞ 娱乐星闻网页＞ images"文件夹中的"pic01.jpg"文件，单击"确定"按钮，完成图像的插入，效果如图 12-85 所示。

图 12-85

（3）将光标置入第 3 行单元格中，在"属性"面板"水平"选项的下拉列表中选择"居中对齐"选项，将"高"选项设为 20。将光标置入第 4 行单元格中，单击"属性"面板中的"拆分单元格为行或列"按钮 ，弹出"拆分单元格"对话框，在"把单元格拆分成"选项组中选择"列"选项，将

"列数"选项设为 3，单击"确定"按钮，将单元格拆分为 3 列。用相同的方法设置第 5 行单元格，效果如图 12-86 所示。

图 12-86

（4）将光标置入第 4 行第 1 列单元格中，在"属性"面板"垂直"选项的下拉列表中选择"顶端"选项，将"宽"选项设为 650，"高"选项设为 50。单击"插入"面板"HTML"选项卡中的"Image"按钮 ，在弹出的"选择图像源文件"对话框中，选择云盘中"Ch12 > 素材 > 娱乐星闻网页> images"文件夹中的"bt01.jpg"文件，单击"确定"按钮，完成图像的插入，效果如图 12-87 所示。

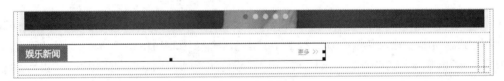

图 12-87

（5）将光标置入第 4 行第 2 列单元格中，在"属性"面板中，将"宽"选项设为 20。将光标置入到第 4 行第 3 列单元格中，在"属性"面板"垂直"选项的下拉列表中选择"顶端"选项。单击"插入"面板"HTML"选项卡中的"Image"按钮 ，在弹出的"选择图像源文件"对话框中，选择云盘"Ch12 > 素材 > 娱乐星闻网页> images"文件夹中的"bt02.jpg"文件，单击"确定"按钮，完成图像的插入，效果如图 12-88 所示。

图 12-88

（6）将光标置入第 5 行第 1 列单元格中，在"属性"面板"垂直"选项的下拉列表中选择"顶端"选项，将"高"选项设为 730。在该单元格中插入一个 9 行 2 列、宽为 650 像素的表格。选中第 2 行单元格，单击"属性"面板中的"合并所选单元格，使用跨度"按钮，将选中的单元格进行合并，将"高"选项设为 25，效果如图 12-89 所示。用相同的方法设置第 4 行、第 6 行和第 8 行单元格，效果如图 12-90 所示。

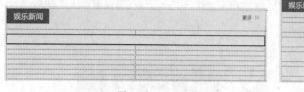

图 12-89   图 12-90

（7）将光标置入第 1 行第 1 列单元格中，在"属性"面板中，将"宽"选项设为 210。单击"插入"面板"HTML"选项卡中的"Image"按钮 🖼，在弹出的"选择图像源文件"对话框中，选择云盘"Ch12 > 素材 > 娱乐星闻网页> images"文件夹中的"img01.jpg"文件，单击"确定"按钮，完成图像的插入，效果如图 12-91 所示。

（8）将光标置入第 1 行第 2 列单元格中，在"属性"面板"垂直"选项的下拉列表中选择"顶端"选项，将"宽"选项设为 440。在该单元格中输入文字，效果如图 12-92 所示。

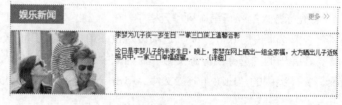

图 12-91   图 12-92

（9）在"CSS 设计器"面板中单击"选择器"选项组中的"添加选择器"按钮 ➕，在"选择器"选项组中出现文本框，输入名称".bt"，按 Enter 键确认输入，如图 12-93 所示；在"属性"选项组中单击"文本"按钮 T，切换到文本属性，将"color"设为灰色（#646464），"font-size"设为 16 px，"font-weight"设为"bold"，如图 12-94 所示。

（10）在"CSS 设计器"面板中单击"选择器"选项组中的"添加选择器"按钮 ➕，在"选择器"选项组中出现文本框，输入名称".text01"，按 Enter 键确认输入；在"属性"选项组中单击"文本"按钮 T，切换到文本属性，将"color"设为浅灰色（#969696），"line-height"设为 24 px，如图 12-95 所示。

图 12-93   图 12-94   图 12-95

（11）选中图 12-96 所示的文字，在"属性"面板"类"选项的下拉列表中选择"bt"选项，应用样式，效果如图 12-97 所示。

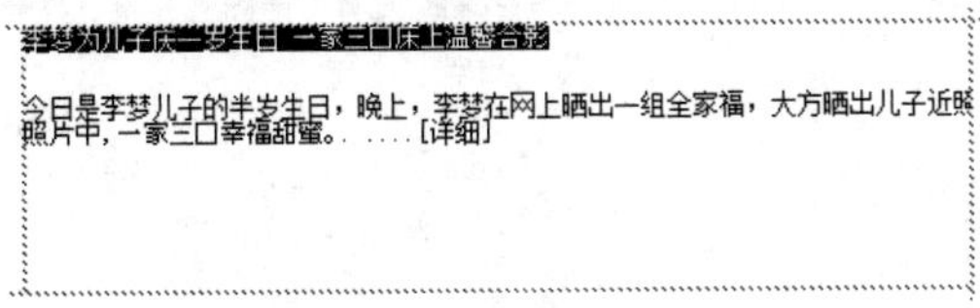

图 12-96 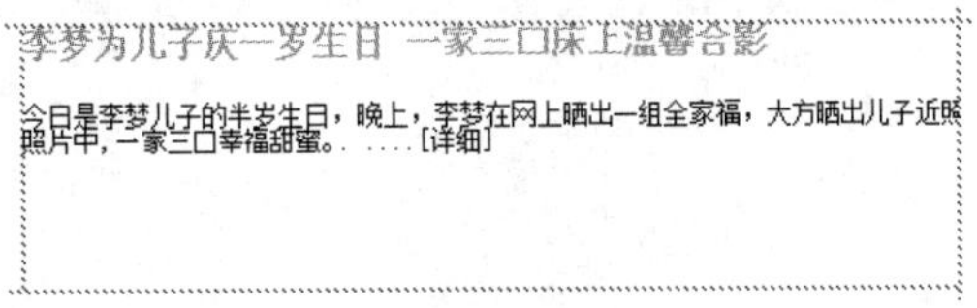   图 12-97

（12）选中图 12-98 所示的文字，在"属性"面板"类"选项的下拉列表中选择"text01"选项，应用样式，效果如图 12-99 所示。

图 12-98 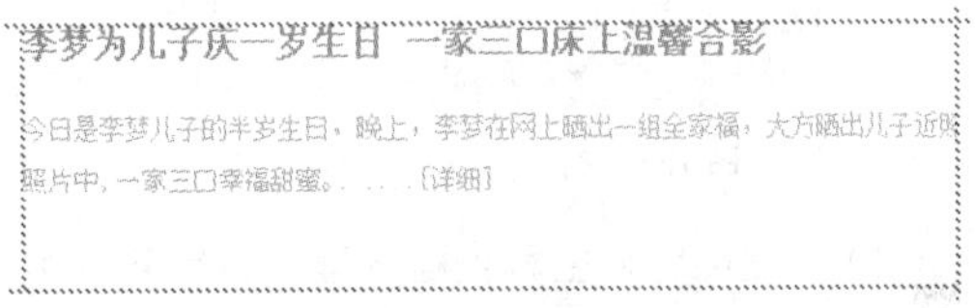   图 12-99

（13）将光标置入第 2 行单元格中，单击"插入"面板"HTML"选项卡中的"Image"按钮 ，在弹出的"选择图像源文件"对话框中，选择云盘"Ch12 > 素材 > 娱乐星闻网页> images"文件夹中的"line.jpg"文件，单击"确定"按钮，完成图像的插入，效果如图 12-100 所示。用上述方法在其他单元格中插入表格、图像和文字，并设置相应的样式，效果如图 12-101 所示。

图 12-100 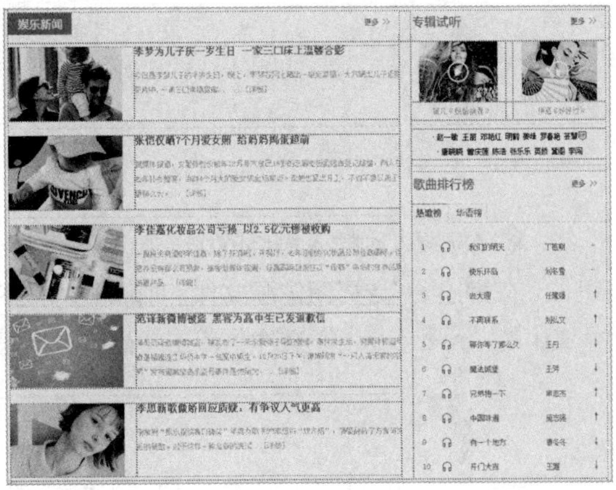   图 12-101

3. 制作"明星写真"区域与底部效果

（1）在"CSS 设计器"面板中单击"选择器"选项组中的"添加选择器"按钮 ，在"选择器"选项组中出现文本框，输入名称".bj"，按 Enter 键确认输入，如图 12-102 所示；在"属性"选项组中单击"背景"按钮 ，切换到背景属性，单击"url"选项右侧的"浏览"按钮 ，在弹出的"选择图像源文件"对话框中，选择云盘中的"Ch12 > 素材 > 娱乐星闻网页 > images > bj01.jpg"文件，如图 12-103 所示，单击"确定"按钮，返回到"CSS 设计器"面板，单击"background-repeat"选项右侧的"no-repeat"按钮 ，如图 12-104 所示。

图 12-102

图 12-103

图 12-104

（2）将光标置入主体表格的第 6 行单元格中，在"属性"面板"类"选项的下拉列表中选择"bj"选项，将"高"选项设为 316。在该单元格中插入一个 2 行 1 列、宽为 950 像素的表格，并设置表格对齐方式为居中，效果如图 12-105 所示。

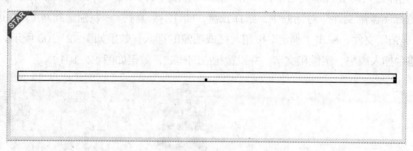
图 12-105

（3）将光标置入刚插入表格的第 1 行单元格中，单击"插入"面板"HTML"选项卡中的"Image"按钮 ，在弹出的"选择图像源文件"对话框中，选择云盘"Ch12 > 素材 > 娱乐星闻网页> images"文件夹中的 "mxxz.png" 文件，单击"确定"按钮，完成图像的插入，效果如图 12-106 所示。

图 12-106

（4）将光标置入第 2 行单元格中，在"属性"面板中，将"高"选项设为 230。分别将云盘"Ch12 > 素材 > 娱乐星闻网页> images"文件夹中的 "tu01.jpg" "tu02.jpg" "tu03.jpg" "tu04.jpg"和"tu05.jpg"文件插入该单元格中，效果如图 12-107 所示。

图 12-107

（5）在"CSS 设计器"面板中单击"选择器"选项组中的"添加选择器"按钮 ✚，在"选择器"选项组中出现文本框，输入名称".pic01"，按 Enter 键确认输入，如图 12-108 所示；在"属性"选项组中单击"布局"按钮 🔲，切换到布局属性，将"margin-left"和"margin-right"均设为 5 px，如图 12-109 所示。

图 12-108

图 12-109

（6）选中"tu01.jpg"图像，在"属性"面板"无"选项的下拉列表中选择"pic01"选项，应用样式，效果如图 12-110 所示。用相同的方法为其他图像应用样式，制作出图 12-111 所示的效果。

图 12-110

图 12-111

（7）将光标置入主体表格的第 7 行单元格中，在"属性"面板"垂直"选项的下拉列表中选择"底部"选项，将"高"选项设为 80，将云盘"Ch12 > 素材 > 娱乐星闻网页> images"文件夹中的"bt03.jpg"文件插入该单元格中，效果如图 12-112 所示。

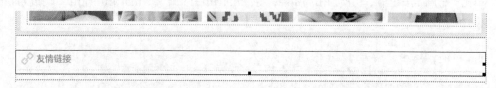

图 12-112

（8）将光标置入第 8 行单元格中，在"属性"面板"水平"选项的下拉列表中选择"居中对齐"选项，"垂直"选项的下拉列表中选择"居中"选项，将"高"选项设为 100。在单元格中输入文字并应用"text01"样式，效果如图 12-113 所示。

图 12-113

（9）用上述方法制作出图 12-114 所示的效果。

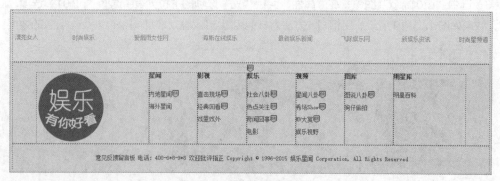

图 12-114

（10）保存文档，按 F12 键，预览网页效果，如图 12-115 所示。

图 12-115

12.4 综艺频道网页

12.4.1 案例分析

本例是为一家电视台的综艺频道而制作的网页,电视台希望通过网站宣传节目的内容和特色,增加和网友的互动,体现出自身节目的大众化,使其成为百姓最喜爱的节目。

在设计制作过程中,页面中央展示最新的节目信息,体现出综艺节目的鲜明特色。导航栏置于页面的上方,每个栏目的精心设置都充分考虑网友的喜好,设计风格简洁大方,Banner 区及时更新为网友推荐的节目展示,页面整体节目分类明确,方便用户浏览交流。

本例使用"页面属性"命令,设置页面字体、大小、颜色和页面边距;使用"Image"按钮,插入网页中所需图像;使用"CSS 设计器"面板,设置图像与文字的对齐方式、文字的大小、颜色和行距;使用"属性"面板,设置单元格的宽度和高度。

12.4.2 案例设计

本案例效果如图 12-116 所示。

图 12-116

12.4.3　案例制作

案例制作的详细操作步骤见二维码。

课堂练习——时尚潮流网页

【练习知识要点】使用"页面属性"命令，设置页面字体、大小、颜色和页面边距；使用"属性"面板，设置单元格背景颜色、宽度和高度；使用"CSS设计器"面板，设置文字的颜色、大小和行距，如图12-117所示。

图12-117

【效果所在位置】云盘/Ch12/效果/时尚潮流网页/index.html。

课后习题——欢乐农场网页

【习题知识要点】使用"页面属性"命令，设置页面字体、大小、颜色和页面边距；使用"Image"按钮，插入图像；使用"CSS 设计器"面板，设置单元格背景图像、文字颜色、大小和行距；使用"属性"面板，设置单元格的宽度和高度，如图 12-118 所示。

图 12-118

【效果所在位置】云盘/Ch12/效果/欢乐农场网页/index.html。

第13章
旅游休闲网页

旅游业蓬勃发展，旅游网站也随之变得颇为火热。根据旅游公司的市场定位和产品特点，旅游休闲网站也表现出了不同的类型和特色。本章以多个主题的旅游休闲网页为例，讲解了旅游休闲网页的设计方法和制作技巧。

课堂学习目标

- ✔ 了解旅游休闲网页的功能和特色
- ✔ 了解旅游休闲网页的类别和内容
- ✔ 掌握旅游休闲网页的设计流程
- ✔ 掌握旅游休闲网页的布局构思
- ✔ 掌握旅游休闲网页的制作方法

13.1 旅游休闲网页概述

随着居民生活水平的日益提高、业余生活的不断丰富，旅游已成为人们休闲、娱乐的首选方式。此起彼伏的旅游热潮，使旅游行业的生意蒸蒸日上。而通过互联网来宣传自己又成为旅游行业的一项重要举措。因此，越来越多的旅游网站建立起来，其丰富多彩的内容不仅为旅游者提供了了解外界及旅行社情况的窗口，而且也为旅行社提供了网上报名、网上预定平台。良好的交流环境使得旅游行业获取更多的用户需求成为可能。

13.2 滑雪运动网页

13.2.1 案例分析

滑雪是一项既浪漫又刺激的体育运动。旅游健身滑雪是适应现代人们生活、文化需求而发展起来的大众性健身运动。本例是为滑雪场设计制作的网页，目的是宣传滑雪场、吸引更多的消费者。在网页设计中要体现出健身滑雪运动的惊险和乐趣。

在设计制作过程中，将页面的背景设计为美丽的雪山，充满激情的运动员在雪场上驰骋，使人能够产生对滑雪运动的无限向往；页面色彩搭配清爽怡人，整体的色调符合滑雪运动的特点；简洁明了的导航栏，方便用户浏览信息；Banner 区设计编排合理，清晰地介绍了商家的信息；页面整体设计清新、干净，使人印象深刻。

本例将使用"Table"按钮，插入表格布局网页；使用"CSS 设计器"面板，设置表格、单元格的背景图像效果及文字的颜色、大小和字体；使用"属性"面板，设置单元格的高度。

13.2.2 案例设计

本案例效果如图 13-1 所示。

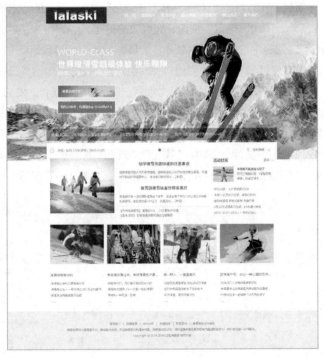

图 13-1

13.2.3 案例制作

1. 制作导航条

（1）选择"文件 > 新建"命令，新建空白文档。选择"文件 > 保存"命令，弹出"另存为"对话框，在"保存在"选项的下拉列表中选择当前站点目录保存路径；在"文件名"选项的文本框中输入"index"，单击"保存"按钮，返回网页编辑窗口。

（2）选择"文件 > 页面属性"命令，弹出"页面属性"对话框，在左侧的"分类"列表中选择"外观（CSS）"选项，将"大小"选项设为 12，"文本颜色"设为灰色（#646464），"左边距""右边距""上边距"和"下边距"选项均设为 0，如图 13-2 所示。

（3）在左侧的"分类"列表中选择"标题/编码"选项，在"标题"选项的文本框中输入"滑雪运动网页"，如图 13-3 所示。单击"确定"按钮完成页面属性的修改。

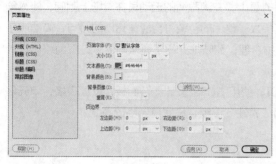

图 13-2

图 13-3

（4）单击"插入"面板"HTML"选项卡中的"Table"按钮 ▦，在弹出的"Table"对话框中进行设置，如图 13-4 所示。单击"确定"按钮，完成表格的插入。保持表格的选取状态，在"属性"面板"Align"选项的下拉列表中选择"居中对齐"选项。

（5）选择"窗口 > CSS 设计器"命令，弹出"CSS 设计器"面板。单击"选择器"选项组中的"添加选择器"按钮 ✚，在"选择器"选项组中出现文本框，输入名称".bj"，按 Enter 键确认输入，如图 13-5 所示；在"属性"选项组中单击"背景"按钮 ▨，切换到背景属性，单击"url"选项右侧的"浏览"按钮 ▢，在弹出的"选择图像源文件"对话框中，选择云盘中的"Ch13 > 素材 > 滑雪运动网页 > images > bj_1.jpg"文件，单击"确定"按钮，返回到"CSS 设计器"面板，单击"background-repeat"选项右侧的"no-repeat"按钮 ▦，如图 13-6 所示。

图 13-4

图 13-5

图 13-6

（6）将光标置入第 1 行单元格中，在"属性"面板"水平"选项的下拉列表中选择"居中对齐"选项，"垂直"选项的下拉列表中选择"顶端"选项，将"高"选项设为 1 290，效果如图 13-7 所示。

图 13-7

（7）在该单元格中插入一个5行1列、宽为1 000像素的表格。将光标置入第1行单元格中，单击"属性"面板中的"拆分单元格为行或列"按钮 ，在弹出的"拆分单元格"对话框中进行设置，如图13-8所示，单击"确定"按钮，将单元格拆分成2列显示。

（8）将光标置入到第1行第1列单元格中，在"属性"面板中，将"宽"选项设为262。单击"插入"面板"HTML"选项卡中的"Image"按钮 ，在弹出的"选择图像源文件"对话框中，选择云盘中的"Ch13 > 素材 > 滑雪运动网页 > images > logo.jpg"文件，单击"确定"按钮，完成图像的插入，如图13-9所示。

图 13-8

图 13-9

（9）在"CSS 设计器"面板中，单击"选择器"选项组中的"添加选择器"按钮 ，在"选择器"选项组中出现文本框，输入名称".bj01"，按 Enter 键确认输入，如图13-10所示；在"属性"选项组中单击"背景"按钮 ，切换到背景属性，单击"url"选项右侧的"浏览"按钮 ，在弹出的"选择图像源文件"对话框中，选择云盘中的"Ch13 > 素材 > 滑雪运动网页 > images > bj.png"文件，单击"确定"按钮，返回到"CSS 设计器"面板，单击"background-repeat"选项右侧的"no-repeat"按钮 ，如图13-11所示。

（10）在"属性"选项组中单击"文本"按钮 ，切换到文本属性，将"font-family"设为"微软雅黑"，"font-size"设为16 px，"color"设为白色，如图13-12所示。

（11）将光标置入第1行第2列单元格中，在"属性"面板"类"选项的下拉列表中选择"bj01"选项，"水平"选项的下拉列表中选择"居中对齐"选项，将"宽"选项设为738。在单元格中输入文字和空格，如图13-13所示。

图 13-10

图 13-11

图 13-12

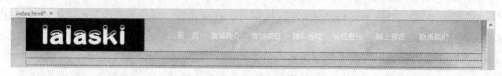

图 13-13

（12）将光标置入第 2 行单元格中，将云盘中的"Ch13 > 素材 > 滑雪运动网页 > images > pic_1.png"文件插入到该单元格中，如图 13-14 所示。将光标置入第 3 行单元格中，在"属性"面板"垂直"选项的下拉列表中选择"顶端"选项，将"高"选项设为 61。将云盘中的"Ch13 > 素材 > 滑雪运动网页 > images > pic_2.png"文件插入该单元格中，如图 13-15 所示。

图 13-14

图 13-15

2. 制作内容区域

（1）将光标置入第 4 行单元格中，在"属性"面板"水平"选项的下拉列表中选择"居中对齐"选项，"垂直"选项的下拉列表中选择"顶端"选项，将"背景颜色"选项设为白色。在该单元格中插入一个 3 行 3 列、宽为 970 像素的表格。

（2）将光标置入刚插入表格的第 1 行第 1 列单元格中，在"属性"面板中，将"宽"选项设为 300，"高"选项设为 65，在该单元格中输入文字，如图 13-16 所示。

图 13-16

（3）在"CSS 设计器"面板中单击"选择器"选项组中的"添加选择器"按钮 ➕，在"选择器"选项组中出现文本框，输入名称".pic"，按 Enter 键确认输入，如图 13-17 所示；在"属性"选项组中单击"文本"按钮 🅣，切换到文本属性，将"vertical-align"设为"middle"，如图 13-18 所示；单击"布局"按钮 ▦，切换到布局属性，将"margin-right"设为 15 px，如图 13-19 所示。

图 13-17

图 13-18

图 13-19

（4）将云盘中的"Ch13 > 素材 > 滑雪运动网页 > images > xtb_1.png"文件，插入相应的位置并应用"pic"样式，效果如图 13-20 所示。

（5）将光标置入第 1 行第 2 列单元格中，在"属性"面板"水平"选项的下拉列表中选择"居中对齐"选项，将"宽"选项设为 410。将云盘中的"Ch13 > 素材 > 滑雪运动网页 > images > pic_3.png"文件，插入该单元格中，如图 13-21 所示。

图 13-20

图 13-21

（6）将光标置入第 1 行第 3 列单元格中，在"属性"面板"水平"选项的下拉列表中选择"右对齐"选项，将"宽"选项设为 260。在单元格中输入文字，将云盘中"Ch13 > 素材 > 滑雪运动网页 > images"文件夹中的"xtb_2.png"和"xtb_3.png"文件，分别插入相应的位置，并应用"pic"样式，效果如图 13-22 所示。

图 13-22

（7）将光标置入第2行第1列单元格中，在"属性"面板"垂直"选项的下拉列表中选择"顶端"选项，将"高"选项设为260。将"pic_4.jpg"文件插入该单元格中，如图 13-23 所示。

（8）将光标置入第2行第2列单元格中，在"属性"面板"垂直"选项的下拉列表中选择"顶端"选项。在该单元格中插入一个3行1列、宽为390像素的表格，如图 13-24 所示。

图 13-23

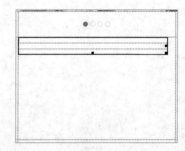

图 13-24

（9）在"CSS设计器"面板中单击"选择器"选项组中的"添加选择器"按钮 ✚，在"选择器"选项组中出现文本框，输入名称".bk"，按 Enter 键确认输入，如图 13-25 所示；在"属性"选项组中单击"边框"按钮 ▢，切换到边框属性，单击"border"选项组中的"底部"按钮 ▢，将"width"设为 1 px，"style"设为"dashed"，"color"设为灰色（#c8c8c8），如图 13-26 所示。

（10）将光标置入刚插入表格的第1行单元格中，在"属性"面板"类"选项的下拉列表中选择"bk"选项，将"高"选项设为90。用相同的方法设置第2行单元格，在各个单元格中输入文字，效果如图 13-27 所示。

图 13-25

图 13-26

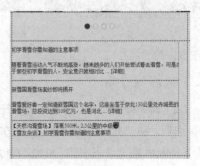

图 13-27

（11）在"CSS 设计器"面板中单击"选择器"选项组中的"添加选择器"按钮 +，在"选择器"选项组中出现文本框，输入名称".bt"，按 Enter 键确认输入，如图 13-28 所示；在"属性"选项组中单击"文本"按钮 T，切换到文本属性，将"color"设为灰色（#323232），"font-family"设为"宋体"，"font-size"设为 16 px，"font-weight"设为"bold"，单击"text-align"选项右侧的"center"按钮 ，如图 13-29 所示。

（12）在"CSS 设计器"面板中单击"选择器"选项组中的"添加选择器"按钮 +，在"选择器"选项组中出现文本框，输入名称".text"，按 Enter 键确认输入；在"属性"选项组中单击"文本"按钮 T，切换到文本属性，将"line-height"设为 20 px，如图 13-30 所示。

图 13-28

图 13-29

图 13-30

（13）选中图 13-31 所示的文字，在"属性"面板"类"选项的下拉列表中选择"bt"选项，应用样式，效果如图 13-32 所示。用相同的方法为其他文字应用样式，效果如图 13-33 所示。

图 13-31

图 13-32

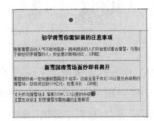

图 13-33

（14）选中图 13-34 所示的文字，在"属性"面板"类"选项的下拉列表中选择"bt"选项，应用样式，效果如图 13-35 所示。用相同的方法为其他文字应用样式，效果如图 13-36 所示。

图 13-34

图 13-35

图 13-36

（15）将光标置入第3行单元格中，如图13-37所示，在"属性"面板中，将"高"选项设为55，效果如图13-38所示。

（16）将光标置入主体表格的第2行第3列单元格中，在"属性"面板"垂直"选项的下拉列表中选择"顶端"选项。在该单元格中插入一个3行1列、宽为100%的表格，如图13-39所示。

图 13-37

图 13-38

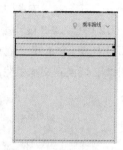

图 13-39

（17）将光标置入刚插入表格的第1行单元格中。单击"属性"面板中的"拆分单元格为行或列"按钮，弹出"拆分单元格"对话框，选择"把单元格拆分成："选项组中的"列"单选项，将"列数"选项设为2，单击"确定"按钮，将单元格拆分2列显示。

（18）将光标置入第1行第1列单元格中，在"属性"面板"目标规则"选项的下拉列表中选择"<新内联样式>"选项，将"大小"选项设为16 px，"color"选项设为深灰色（#323232），"font-weight"选项设为"bold"，在该单元格中输入文字，如图13-40所示。

（19）将光标置入第1行第2列单元格中，在"属性"面板"水平"选项的下拉列表中选择"右对齐"选项。在该单元格中输入文字，如图13-41所示。

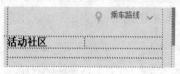

图 13-40

图 13-41

（20）将光标置入第2行单元格中，在"属性"面板中，将"高"选项设为100。在该单元格中输入文字并应用"text"样式，效果如图13-42所示。选中图13-43所示的文字，在"属性"面板"目标规则"选项的下拉列表中选择"<新内联样式>"选项，将"color"选项设为深灰色（#323232），"font-weight"选项设为"bold"，效果如图13-44所示。

图 13-42

图 13-43

图 13-44

（21）在"CSS设计器"面板中单击"选择器"选项组中的"添加选择器"按钮，在"选择器"选项组中出现文本框，输入名称".pic01"，按 Enter 键确认输入，如图13-45所示；在"属性"选项组中单击"布局"按钮，切换到布局属性，将"margin-right"设为15 px，单击"float"选项右侧的"left"按钮，如图13-46所示。

（22）将云盘中的"Ch13 > 素材 > 滑雪运动网页 > images > pic_5.jpg"文件，插入相应的位置中，并使用"pic01"样式，效果如图 13-47 所示。

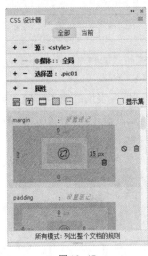
图 13-45

图 13-46

图 13-47

（23）在"CSS 设计器"面板中单击"选择器"选项组中的"添加选择器"按钮 +，在"选择器"选项组中出现文本框，输入名称".text01"，按 Enter 键确认输入，如图 13-48 所示；在"属性"选项组中单击"文本"按钮 T，切换到文本属性，将"line-height"设为 25 px，如图 13-49 所示。

（24）将光标置入第 3 行单元格中，在"属性"面板"类"选项的下拉列表中选择"text01"选项，在该单元格中输入文字，效果如图 13-50 所示。

图 13-48

图 13-49

图 13-50

3. 制作项目区域和底部区域

（1）选中图 13-51 所示的单元格，单击"属性"面板中的"合并所选单元格，使用跨度"按钮 □，将选中单元格合并，效果如图 13-52 所示。

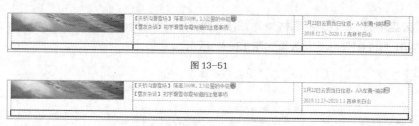

图 13-51

图 13-52

（2）在该单元格中插入一个2行4列、宽为970像素的表格。选中刚插入表格的第1行第1列、第2列和第3列单元格，在"属性"面板中，将"宽"选项设为246，"高"选项设为210。在各单元格中插入相应的图片，如图13-53所示。

图 13-53

（3）选中第2行所有单元格，在"属性"面板"垂直"选项的下拉列表中选择"顶端"选项，在各个单元格中输入需要的文字，如图13-54所示。

图 13-54

（4）在"CSS设计器"面板中单击"选择器"选项组中的"添加选择器"按钮＋，在"选择器"选项组中出现文本框，输入名称".bt01"，按Enter键确认输入，如图13-55所示；在"属性"选项组中单击"文本"按钮T，切换到文本属性，将"color"设为红色（#c81818），"font-size"设为14 px，如图13-56所示。

图 13-55

图 13-56

（5）选中图 13-57 所示的文字，在"属性"面板"类"选项的下拉列表中选择"bt01"选项，应用样式，效果如图 13-58 所示。选中图 13-59 所示的文字，在"属性"面板"类"选项的下拉列表中选择"text01"选项，应用样式，效果如图 13-60 所示。用相同的方法为其他文字添加样式，效果如图 13-61 所示。

图 13-57

图 13-58

图 13-59

图 13-60

图 13-61

（6）将光标置入主体表格的第 2 行单元格中，在"属性"面板"水平"选项的下拉列表中选择"居中对齐"选项，将"高"选项设为 160，"背景颜色"选项设为浅灰色（#eeeeee）。在单元格中输入文字并应用"text01"样式，效果如图 13-62 所示。

图 13-62

（7）滑雪运动网页效果制作完成，保存文档，按 F12 键，预览网页效果，如图 13-63 所示。

图 13-63

13.3 户外运动网页

13.3.1 案例分析

户外休闲运动已经成为人们娱乐、休闲和提升生活质量的一种新的生活方式。户外休闲运动可以拥抱自然，挑战自我，培养个人的毅力。本例是为户外休闲运动俱乐部设计的网页界面，该网页主要的功能是宣传户外运动的种类。设计要求体现出户外运动的挑战性和刺激性。

在设计制作过程中，将导航栏置于页面上方，方便用户浏览各类户外运动的各种出行方式和相关知识。网页的分类独特，使用该项运动的照片进行分类，在页面的中间位置明确、醒目，下方的信息整齐排列、图文搭配合理，使用户身临其境。

本例将使用"Table"按钮，插入表格布局网页；使用"Image"按钮，插入图像；使用"CSS设计器"面板，设置表格、单元格的背景图像、边线效果、文字的大小、颜色和行距；使用"属性"面板，设置单元格的高度。

13.3.2 案例设计

本案例效果如图 13-64 所示。

图 13-64

13.3.3 案例制作

1. 制作导航条和交点图区域

（1）选择"文件 > 新建"命令，新建空白文档。选择"文件 > 保存"命令，弹出"另存为"对话框，在"保存在"选项的下拉列表中选择当前站点目录保存路径；在"文件名"选项的文本框中输入"index"，单击"保存"按钮，返回网页编辑窗口。

（2）选择"文件 > 页面属性"命令，弹出"页面属性"对话框，在左侧的"分类"列表中选择"外观（CSS）"选项，将"页面字体"选项设为"微软雅黑"，"大小"选项设为 12，"文本颜色"选项设为灰色（#515151），"左边距""右边距""上边距"和"下边距"选项均设为 0，如图 13-65 所示。

（3）在左侧的"分类"列表中选择"标题/编码"选项，在"标题"选项的文本框中输入"户外运动网页"，如图 13-66 所示。单击"确定"按钮完成页面属性的修改。

图 13-65

图 13-66

（4）单击"插入"面板"HTML"选项卡中的"Table"按钮 ▦，在弹出的"Table"对话框中进行设置，如图 13-67 所示。单击"确定"按钮，完成表格的插入。保持表格的选取状态，在"属性"面板"Align"选项的下拉列表中选择"居中对齐"选项。

（5）将光标置入第 1 行单元格中，在"属性"面板"水平"选项的下拉列表中选择"居中对齐"选项，将"高"选项设为 115，"背景颜色"选项设为黑色（#373737）。在该单元格中插入一个 1 行 3 列、宽为 1 000 像素的表格，如图 13-68 所示。

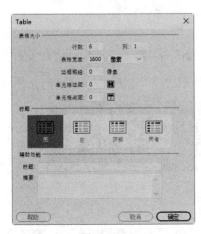

图 13-67

图 13-68

（6）将光标置入刚插入表格的第1列单元格中，在"属性"面板中，将"宽"选项设为300。单击"插入"面板"HTML"选项卡中的"Image"按钮 🖾，在弹出的"选择图像源文件"对话框中，选择云盘中的"Ch13 > 户外运动网页 > images > logo.png"文件，单击"确定"按钮，完成图像的插入，如图13-69所示。

图13-69

（7）将光标置入第2列单元格中，在"属性"面板"水平"选项的下拉列表中选择"右对齐"选项。在该单元格中插入一个1行2列、宽为315像素的表格。选中刚插入表格的第1列和第2列单元格，在"属性"面板中，将"背景颜色"选项设为黑色（#2b2b2b）。

（8）选择"窗口 > CSS设计器"命令，弹出"CSS设计器"面板。单击"选择器"选项组中的"添加选择器"按钮 ➕，在"选择器"选项组中出现文本框，输入名称".text"，按Enter键确认输入，如图13-70所示；在"属性"选项组中单击"文本"按钮 🔳，切换到文本属性，将"color"设为白色，"font-size"设为14 px，如图13-71所示。

图13-70

图13-71

（9）将光标置入图13-72所示的单元格中，在"属性"面板"类"选项的下拉列表中选择"text"选项，将"高"选项设为35。在该单元格中输入空格和文字，效果如图13-73所示。

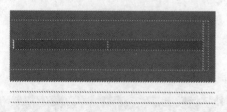

图13-72

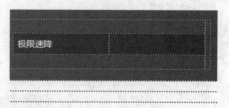

图13-73

（10）将光标置入图13-74所示的单元格中，在"属性"面板"水平"选项的下拉列表中选择"居中对齐"选项，将"宽"选项设为 45。单击"插入"面板"HTML"选项卡中的"Image"按钮 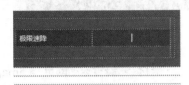，在弹出的"选择图像源文件"对话框中，选择云盘中的"Ch13 > 户外运动网页 > images > tub_1.png"文件，单击"确定"按钮，完成图像的插入，如图 13-75 所示。

| 图 13-74 | 图 13-75 |

（11）将光标置入第 3 列单元格中，在"属性"面板"水平"选项的下拉列表中选择"右对齐"选项，"类"选项的下拉列表中选择"text"选项，将"宽"选项设为 200。在该单元格中输入空格和文字，效果如图 13-76 所示。

图 13-76

（12）在"CSS 设计器"面板中，单击"选择器"选项组中的"添加选择器"按钮 +，在"选择器"选项组中出现文本框，输入名称".bj"，按 Enter 键确认输入，如图 13-77 所示；在"属性"选项组中单击"背景"按钮 ，切换到背景属性，单击"url"选项右侧的"浏览"按钮 ，在弹出的"选择图像源文件"对话框中，选择云盘中的"Ch13 > 素材 > 户外运动网页 > images > bj.jpg"文件，单击"确定"按钮，返回到"CSS 设计器"面板，单击"background-repeat"选项右侧的"repeat-x"按钮 ，如图 13-78 所示。

（13）在"属性"选项组中单击"文本"按钮 ，切换到文本属性，将"font-size"设为 14 px，如图 13-79 所示。

| 图 13-77 | 图 13-78 | 图 13-79 |

（14）将光标置入主体表格的第 2 行单元格中，在"属性"面板"水平"选项的下拉列表中选择"居中对齐"选项，"类"选项的下拉列表中选择"bj"选项，将"高"选项设为 41。在该单元格中输

入空格和文字，效果如图 13-80 所示。

图 13-80

（15）将光标置入第 3 行单元格中，将云盘中的"Ch13 > 素材 > 滑雪运动网页 > images > top.jpg"文件，插入该单元格中，如图 13-81 所示。

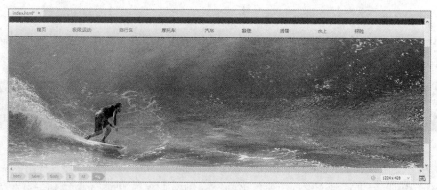

图 13-81

2. 制作项目介绍区域

（1）在"CSS 设计器"面板中，单击"选择器"选项组中的"添加选择器"按钮 +，在"选择器"选项组中出现文本框，输入名称".bj01"，按 Enter 键确认输入，如图 13-82 所示；在"属性"选项组中单击"背景"按钮，切换到背景属性，单击"url"选项右侧的"浏览"按钮，在弹出的"选择图像源文件"对话框中，选择云盘中的"Ch13 > 素材 > 户外运动网页 > images > bj_1.jpg"文件，单击"确定"按钮，返回到"CSS 设计器"面板，将"background-position"设为 0、top，单击"background-repeat"选项右侧的"no-repeat"按钮，如图 13-83 所示。

图 13-82

图 13-83

（2）将光标置入主体表格的第4行单元格中，在"属性"面板"水平"选项的下拉列表中选择"居中对齐"选项，"垂直"选项的下拉列表中选择"顶端"选项，"类"选项的下拉列表中选择"bj01"选项，将"高"选项设为920，效果如图13-84所示。

图 13-84

（3）在该单元格中插入一个5行1列、宽为1 000像素的表格。将光标置入到刚插入表格的第1行单元格中，在"属性"面板"水平"选项的下拉列表中选择"居中对齐"选项，将"高"选项设为130。在单元格中按Enter键，将光标切换到下一段，输入文字，效果如图13-85所示。

图 13-85

（4）在"CSS设计器"面板中，单击"选择器"选项组中的"添加选择器"按钮 +，在"选择器"选项组中出现文本框，输入名称".text01"，按Enter键确认输入，如图13-86所示；在"属性"选项组中单击"文本"按钮 T，切换到文本属性，将"font-size"设为30 px，如图13-87所示。

（5）选中文字"项目介绍"，在"属性"面板"类"选项的下拉列表中选择"text01"选项，应用样式，效果如图13-88所示。

图 13-86

图 13-87

图 13-88

（6）将光标置入第 2 行单元格中，在"属性"面板"水平"选项的下拉列表中选择"居中对齐"选项。将云盘中的"Ch13 > 素材 > 滑雪运动网页 > images > pic_1.png"文件，插入该单元格中，如图 13-89 所示。

图 13-89

（7）将光标置入第 3 行单元格中，在"属性"面板中，将"高"选项设为 70。将光标置入第 4 行单元格中，单击"属性"面板中的"拆分单元格为行或列"按钮，弹出"拆分单元格"对话框，选择"把单元格拆分成"选项组中的"列"单选项，将"列数"选项设为 3，单击"确定"按钮，将单元格拆分成 3 列，如图 13-90 所示。

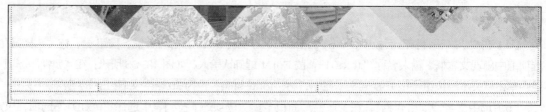

图 13-90

（8）将光标置入第 1 列单元格中，在"属性"面板中，将"宽"选项设为 290。用相同的方法将第 2 列单元格的宽设为 420，第 3 列单元格的宽设为 290。

（9）将光标置入第 1 列单元格中，单击"插入"面板"HTML"选项卡中的"水平线"按钮，选中水平线，在"属性"面板中，将"高"选项设为 1，效果如图 13-91 所示。用相同的方法在第 3 列单元格中插入水平线，并设置相应的参数，效果如图 13-92 所示。

图 13-91

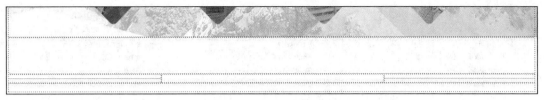

图 13-92

（10）将光标置入第 2 列单元格中，在"属性"面板"目标规则"选项的下拉列表中选择"<新内联样式>"选项，"水平"选项的下拉列表中选择"居中对齐"选项，将"大小"选项设为 24，"高"选项设为 60，在该单元格中输入文字，效果如图 13-93 所示。

图 13-93

（11）将光标置入第 4 行单元格中，在该单元格中插入一个 2 行 7 列、宽为 1 000 像素的表格。将光标置入刚插入表格的第 1 行第 2 列单元格中，在"属性"面板中，将"宽"选项设为 13。用相同的方法设置第 1 行第 4 列、第 6 列单元格的宽。

（12）将光标置入第 1 行第 1 列单元格中，单击"插入"面板"HTML"选项卡中的"Image"按钮 ，在弹出的"选择图像源文件"对话框中，选择云盘中的"Ch13 > 素材 > 户外运动网页 > images > pic_2.jpg"文件，单击"确定"按钮，完成图像的插入。用相同的方法在其他单元格中插入相应的图像，效果如图 13-94 所示。

图 13-94

（13）在"CSS 设计器"面板中单击"选择器"选项组中的"添加选择器"按钮 ，在"选择器"选项组中出现文本框，输入名称".bk"，按 Enter 键确认输入；在"属性"选项组中单击"边框"按钮 ，切换到边框属性，分别单击"border"选项组中的"右侧"按钮 、"底部"按钮 、"左侧"按钮 ，将"width"设为 1 px，"style"设为"solid"，"color"设为灰色（#cccccc），如图 13-95、图 13-96 和图 13-97 所示。

（14）将光标置入图 13-98 所示的单元格中，在"属性"面板"类"选项的下拉列表中选择"bk"选项，将"高"选项设为 80。在该单元格中输入文字，效果如图 13-99 所示。

图 13-95

图 13-96

图 13-97

图 13-98

图 13-99

（15）在"CSS 设计器"面板中单击"选择器"选项组中的"添加选择器"按钮 **+**，在"选择器"选项组中出现文本框，输入名称".pic"，按 Enter 键确认输入，如图 13-100 所示；在"属性"选项组中单击"布局"按钮**吕**，切换到布局属性，将"margin-right"和"margin-left"均设为 10 px，如图 13-101 所示，单击"float"选项右侧的"left"按钮**▤**，如图 13-102 所示。

图 13-100

图 13-101

图 13-102

（16）将光标置入图 13-103 所示的位置，单击"插入"面板"HTML"选项卡中的"Image"
按钮 ，在弹出的"选择图像源文件"对话框中，选择云盘中的"Ch13 > 素材 > 户外运动网页 >
images > tub_2.png"文件，单击"确定"按钮，完成图像的插入，如图 13-104 所示。

（17）保持图像的选取状态，在"属性"面板"类"选项的下拉列表中选择"pic"选项，应用样
式，效果如图 13-105 所示。用相同的方法制作出图 13-106 所示的效果。

图 13-103

图 13-104

图 13-105

图 13-106

3. 制作底部区域

（1）将光标置入主体表格的第 5 行单元格中，在"属性"面板"水平"选项的下拉列表中选择"居
中对齐"选项，将"高"选项设为 180，"背景颜色"选项设为灰色（#e7e7e7），在该单元格中插入
一个 1 行 9 列、宽为 800 像素的表格，效果如图 13-107 所示。

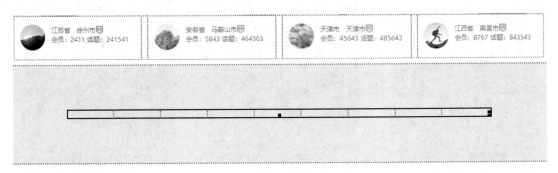

图 13-107

（2）选中图 13-108 所示的单元格，在"属性"面板"垂直"选项的下拉列表中选择"顶端"选
项。在相应的单元格中输入文字，效果如图 13-109 所示。

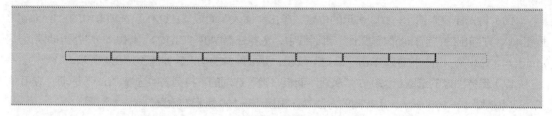

图 13-108

图 13-109

（3）在"CSS 设计器"面板中，单击"选择器"选项组中的"添加选择器"按钮 ✚，在"选择器"选项组中出现文本框，输入名称".bt"，按 Enter 键确认输入，如图 13-110 所示；在"属性"选项组中单击"文本"按钮 **T**，切换到文本属性，将"color"设为深灰色（#373737），"font- weight"设为"bold"，如图 13-111 所示。

（4）在"CSS 设计器"面板中，单击"选择器"选项组中的"添加选择器"按钮 ✚，在"选择器"选项组中出现文本框，输入名称".text02"，按 Enter 键确认输入；在"属性"选项组中单击"文本"按钮 **T**，切换到文本属性，将"color"设为深灰色（#373737），"line-height"设为 28 px，如图 13-112 所示。

图 13-110

图 13-111

图 13-112

（5）选中图 13-113 所示的文字，在"属性"面板"类"选项的下拉列表中选择"bt"选项，应用样式，效果如图 13-114 所示。用相同的方法为其他文字应用样式，效果如图 13-115 所示。

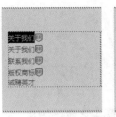
图 13-113

图 13-114

图 13-115

（6）选中图 13-116 所示的文字，在"属性"面板"类"选项的下拉列表中选择"text02"选项，应用样式，效果如图 13-117 所示。用相同的方法为其他文字应用样式，效果如图 13-118 所示。

图 13-116

图 13-117

图 13-118

（7）将光标置入图 13-119 所示的单元格中，在"属性"面板"水平"选项的下拉列表中选择"居中对齐"选项，将"宽"选项设为 80。选择云盘中的"Ch13 > 素材 > 户外运动网页 > images > line.png"文件，单击"确定"按钮，完成图像的插入，如图 13-120 所示。

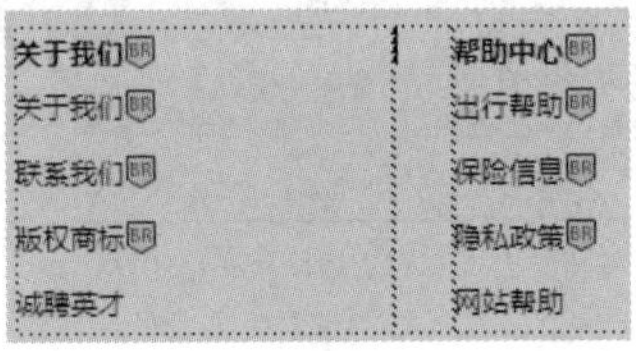

图 13-119

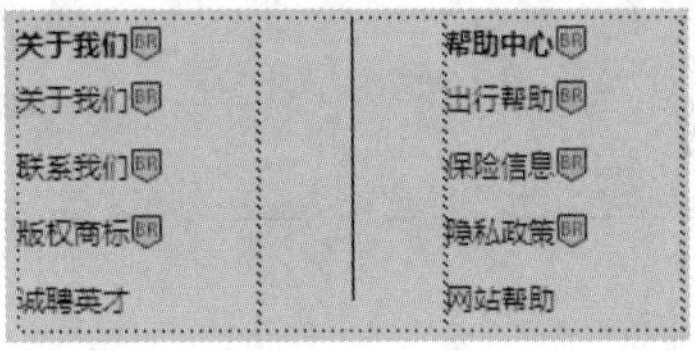

图 13-120

（8）用上述方法设置单元格属性，并插入相应的图像，制作出图 13-121 所示的效果。

图 13-121

（9）将光标置入主体表格的第 6 行单元格中，在"属性"面板"水平"选项的下拉列表中选择"居中对齐"选项，"类"选项的下拉列表中选择"text"选项，将"高"选项设为 50，"背景颜色"选项设为灰色（#373737），在该单元格中输入文字，如图 13-122 所示。

图 13-122

（10）户外运动网页效果制作完成，保存文档，按F12键，预览网页效果，如图13-123所示。

图 13-123

13.4 瑜伽休闲网页

13.4.1 案例分析

瑜伽是一种古老且易于掌握的健身方法，它可以改善人们在生理和心理方面的感受。本例是为时尚瑜伽馆设计和制作的网页。瑜伽馆的主要客户是热衷于健身、减肥、减压，改变亚健康状态的人群。

网页的设计希望能体现出瑜伽运动的健康与活力。整个页面以红色为主色调，表现出恬静、舒爽的氛围。导航栏的设计清晰明确，易于浏览者的使用，可达到舒适的视觉效果。页面中干净整齐的布局，体现了瑜伽运动的古朴。

本例将使用"页面属性"命令，改变页面字体、大小和页面边距效果；使用"属性"面板，改变单元格的高度和宽度；使用"CSS设计器"面板，制作单元格背景图像效果。

13.4.2　案例设计

本案例效果如图 13-124 所示。

图 13-124

13.4.3　案例制作

案例制作的详细操作步骤见二维码。

课堂练习——休闲生活网页

【练习知识要点】使用"页面属性"命令，改变页面字体、大小、颜色、背景颜色和页边距效果；使用"Image"按钮，插入图像；使用"CSS 设计器"面板，制作单元格背景、文字颜色和行距效果；使用"属性"面板，改变单元格的背景颜色、高度和宽度，如图 13-125 所示。

【效果所在位置】云盘/Ch13/效果/休闲生活网页/ index.html。

课后习题——旅游度假网页

【习题知识要点】使用"页面属性"命令，改变页面字体、大小、颜色、边距和页面标题；使用"Image"按钮，插入装饰图像；使用"属性"面板，改变单元格的高度、宽度、对齐方式及背景颜色；使用"CSS设计器"面板，制作单元格背景图像、文字的颜色、大小及行距的显示效果，如图13-126所示。

图 13-125

图 13-126

【效果所在位置】云盘/Ch13/效果/旅游度假网页/index.html。

14

第 14 章
房地产网页

房地产信息网站是房地产公司为了将自己的全部或部分营销活动建立在互联网之上，进行网络营销而创建的。消费者根据自己的需要浏览房地产企业或项目的网页，可以了解正在营销的房地产项目，并在线向房地产营销网站反馈一些重要的信息。本章以多个类型的房地产网页为例，讲解房地产网页的设计方法和制作技巧。

课堂学习目标

- 了解房地产网页的功能和服务
- 了解房地产网页的类别和内容
- 掌握房地产网页的设计流程
- 掌握房地产网页的布局构思
- 掌握房地产网页的制作方法

14.1 房地产网页概述

目前，高速发展的网络技术有力地促进了房地产产业网络化的进程，各房地产公司都建立了自己的网站，许多专业房地产网站也应运而生。好的房地产网站不仅可以为企业带来赢利，还可以宣传新经济时代房地产的新形象，丰富大家对房地产业的直观认识。

14.2 购房中心网页

14.2.1 案例分析

购房中心网页最大的特色即在于"足不出户，选天下房"。不需要从一地赶到另一地选房看房，仅在家里利用互联网，就可了解房地产楼盘项目的规模和环境，进行各种房屋的查询和观看。因此，在网页的设计上要根据功能需求，合理进行布局和制作。

在网页设计制作过程中，使用红色为主色调，浅色的背景与前方红色的导航栏等相互衬托，突出了行业的朝气与生命力，导航栏的设计简洁清晰，方便购房者浏览查找需要的项目和户型。通过对文字和图片的精心编排和分类设计，提供出购房者最需要了解的购房资讯、楼盘动态、购房专题等重要信息。

本例将使用"页面属性"命令，设置页面属性；使用"Table"按钮，插入布局表格；使用"Image"按钮，插入图像；使用"CSS 设计器"面板，设置文字的大小、颜色和行距。

14.2.2　案例设计

本案例效果如图 14-1 所示。

图 14-1

14.2.3　案例制作

1. 设置页面属性并制作导航条效果

（1）选择"文件 > 新建"命令，新建空白文档。选择"文件 > 保存"命令，弹出"另存为"对话框。在"保存在"选项的下拉列表中选择当前站点目录保存路径，在"文件名"选项的文本框中输入"index"，单击"保存"按钮，返回网页编辑窗口。

（2）选择"文件 > 页面属性"命令，弹出"页面属性"对话框，将"大小"选项设为 12，"文本颜色"选项设为灰色（#595959），"背景颜色"选项设为淡灰色（#f5f5f5），"左边距""右边距""上边距"和"下边距"选项均设为 0，如图 14-2 所示。

（3）在左侧的"分类"列表中选择"标题/编码"选项，在右侧的"标题"选项文本框中输入"购房中心网页"，如图 14-3 所示，单击"确定"按钮，完成页面属性的修改。

图 14-2　　　　　　　　　　　　　　　　　图 14-3

（4）单击"插入"面板"HTML"选项卡中的"Table"按钮 ▦，在弹出的"Table"对话框中进行设置，如图 14-4 所示，单击"确定"按钮，完成表格的插入。保持表格的选取状态，在"属性"面板"Align"选项的下拉列表中选择"居中对齐"选项，如图 14-5 所示。

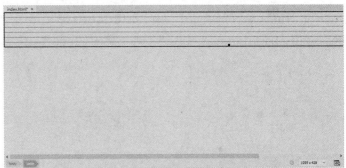

图 14-4　　　　　　　　　　　　　　　　　图 14-5

（5）将光标置入第 1 行单元格中，在"属性"面板"水平"选项的下拉列表中选择"居中对齐"选项，将"高"选项设为 80。在该单元格中插入一个 1 行 3 列、宽为 1 000 像素的表格。将光标置入刚插入表格的第 1 列单元格中，单击"插入"面板"HTML"选项卡中的"Image"按钮 ▣，在弹出的"选择图像源文件"对话框中，选择云盘中"Ch14 > 素材 > 购房中心网页> images"文件夹中的"logo.png"文件，单击"确定"按钮，完成图像的插入，效果如图 14-6 所示。

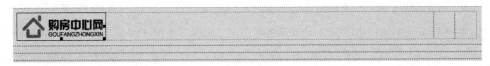

图 14-6

（6）将光标置入第 2 列单元格中，在"属性"面板"水平"选项的下拉列表中选择"居中对齐"选项。将云盘中的"Ch14 > 素材 > 购房中心网页> images > ss.png"文件，插入该单元格中，如图 14-7 所示。

（7）将光标置入第 3 列单元格中，在"属性"面板"水平"选项的下拉列表中选择"右对齐"选项。将云盘中的"Ch14 > 素材 > 购房中心网页> images > bz01.png"文件，插入该单元格中，如图 14-8 所示。

图 14-7

图 14-8

（8）选择"窗口 > CSS 设计器"命令，弹出"CSS 设计器"面板，单击"选择器"选项组中的"添加选择器"按钮 ✚，在"选择器"选项组中出现文本框，输入名称".bj"，按 Enter 键确认输入，如图 14-9 所示；在"属性"选项组中单击"背景"按钮 ▨，切换到背景属性，单击"url"选项右侧的"浏览"按钮 ▭，在弹出的"选择图像源文件"对话框中，选择云盘中的"Ch14 > 素材 > 购房中心网页 > images > bj03.jpg"文件，如图 14-10 所示，单击"确定"按钮，返回到"CSS 设计器"面板，单击"background-repeat"选项右侧的"repeat-x"按钮 ▥，如图 14-11 所示。

图 14-9

图 14-10

图 14-11

（9）将光标置入主体表格的第 2 行单元格中，在"属性"面板"水平"选项的下拉列表中选择"居中对齐"选项，"类"选项的下拉列表中选择"bj"选项，将"高"选项设为 42，效果如图 14-12 所示。

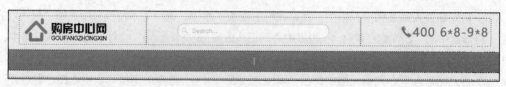

图 14-12

（10）在当前单元格中插入一个 1 行 16 列、宽为 1 000 像素的表格。在"属性"面板中设置刚插入表格的第 2 列、第 4 列、第 6 列、第 8 列、第 10 列、第 12 列和第 14 列单元格的宽为 15，第 5 列、第 11 列单元格的宽为 100，第 16 列单元格的宽为 200。将第 1～15 列的奇数列的水平对齐方式设为居中对齐，第 16 列单元格的水平对齐方式设为右对齐，效果如图 14-13 所示。

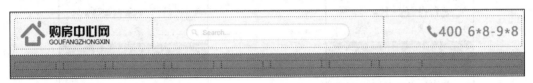

图 14-13

（11）在各个单元格中输入文字和插入相应的图像，效果如图 14-14 所示。

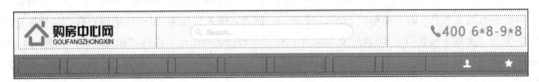

图 14-14

（12）在"CSS 设计器"面板中，单击"选择器"选项组中的"添加选择器"按钮 **+**，在"选择器"选项组中出现文本框，输入名称".text"，按 Enter 键确认输入，如图 14-15 所示；在"属性"选项组中单击"文本"按钮 **T**，切换到文本属性，将"font-family"设为"微软雅黑"，"font-size"设为 14 px，"color"设为白色，如图 14-16 所示。

图 14-15

图 14-16

（13）选中文字"首页"，在"属性"面板"类"选项的下拉列表中选择"text"选项，应用样式。用相同的方法为其他文字应用"text"选项，效果如图 14-17 所示。

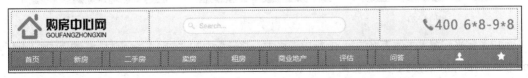

图 14-17

（14）选中图 14-18 所示的文字，在"属性"面板"目标规则"选项的下拉列表中选择"<新内联样式>"选项，将"color"选项设为白色，效果如图 14-19 所示。

图 14-18

图 14-19

（15）在"CSS 设计器"面板中单击"选择器"选项组中的"添加选择器"按钮 ✚，在"选择器"选项组中出现文本框，输入名称".pic"，按 Enter 键确认输入，如图 14-20 所示；在"属性"选项组中单击"文本"按钮 🄣，切换到文本属性，将"vertical-align"设为"middle"，如图 14-21 所示；单击"布局"按钮 🄵，切换到布局属性，将"margin-right"设为 10 px，如图 14-22 所示。

图 14-20

图 14-21

图 14-22

（16）选中图 14-23 所示的图像，在"属性"面板"无"选项的下拉列表中选择"pic"选项，应用样式，效果如图 14-24 所示。用相同的方法为其他图像应用样式，效果如图 14-25 所示。

图 14-23   图 14-24   图 14-25

（17）将光标置入主体表格的第 3 行单元格中，将云盘中的"Ch14 > 素材 > 购房中心网页 > images > pic.jpg"文件，插入该单元格中，效果如图 14-26 所示。

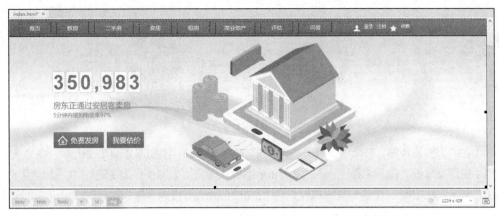

图 14-26

2. 添加新房优惠

（1）在"CSS 设计器"面板中，单击"选择器"选项组中的"添加选择器"按钮 ➕，在"选择器"选项组中出现文本框，输入名称".bj01"，按 Enter 键确认输入，如图 14-27 所示；在"属性"选项组中单击"背景"按钮，切换到背景属性，单击"url"选项右侧的"浏览"按钮，在弹出的"选择图像源文件"对话框中，选择云盘中的"Ch14 > 素材 > 购房中心网页 > images > bj.png"文件，如图 14-28 所示，单击"确定"按钮，返回到"CSS 设计器"面板，单击"background-repeat"选项右侧的"repeat-x"按钮，如图 14-29 所示。

图 14-27　　　　　　　　　　图 14-28　　　　　　　　　　图 14-29

（2）将光标置入主体表格的第 4 行单元格中，在"属性"面板"水平"选项的下拉列表中选择"居中对齐"选项，"垂直"选项的下拉列表中选择"顶端"选项，"类"选项的下拉列表中选择"bj01"选项，将"高"选项设为 810。

（3）在该单元格中插入一个 1 行 6 列、宽为 1 000 像素的表格，将光标置入刚插入表格的第 1 列单元格中，在"属性"面板中，将"高"选项设为 181。并在各个单元格中插入图像和输入文字，效果如图 14-30 所示。

图 14-30

（4）在"CSS 设计器"面板中，单击"选择器"选项组中的"添加选择器"按钮 **+**，在"选择器"选项组中出现文本框，输入名称".bt"，按 Enter 键确认输入，如图 14-31 所示；在"属性"选项组中单击"文本"按钮 **T**，切换到文本属性，将"font-family"设为"微软雅黑"，"font-size"设为18 px，"color"设为红色（#cc0000），如图 14-32 所示。

（5）在"CSS 设计器"面板中，单击"选择器"选项组中的"添加选择器"按钮 **+**，在"选择器"选项组中出现文本框，输入名称".text01"，按 Enter 键确认输入；在"属性"选项组中单击"文本"按钮 **T**，切换到文本属性，将"line-height"设为 20 px，如图 14-33 所示。

图 14-31　　　　　　　　　　图 14-32　　　　　　　　　　图 14-33

（6）选中图 14-34 所示的文字，在"属性"面板"类"选项的下拉列表中选择"bt"选项，应用样式，效果如图 14-35 所示。选中图 14-36 所示的文字，在"属性"面板"类"选项的下拉列表中选择"text01"选项，应用样式，效果如图 14-37 所示。用相同的方法为其他单元格中的文字应用样式，效果如图 14-38 所示。

图 14-34　　　　　　　　　　图 14-35　　　　　　　　　　图 14-36

图 14-37　　　　　　　　　　　　　　　　图 14-38

（7）将光标置入当前表格的右侧，插入一个 2 行 5 列、宽为 980 像素的表格。将第 1 行单元格合并为 1 个单元格，在"属性"面板"目标规则"选项的下拉列表中选择"<新内联样式>"选项，将"字体"选项设为"微软雅黑"，"大小"选项设为 20，"高"选项设为 40，在该单元格中输入文字，效果如图 14-39 所示。

图 14-39

（8）将光标置入第 2 行第 1 列单元格中，在"属性"面板"垂直"选项的下拉列表中选择"顶端"选项，将"宽"选项设为 187，"高"选项为 200。用相同的方法设置第 2 列单元格的垂直对齐方式为顶端，第 3 列单元格的宽为 50，第 4 列单元格的垂直对齐方式为顶端，宽为 187，第 5 列单元格的垂直对齐方式为顶端。在各单元格中输入文字和插入图像，效果如图 14-40 所示。

图 14-40

（9）在"CSS 设计器"面板中，单击"选择器"选项组中的"添加选择器"按钮➕，在"选择器"选项组中出现文本框，输入名称".bt01"，按 Enter 键确认输入，如图 14-41 所示；在"属性"选项组中单击"文本"按钮🅣，切换到文本属性，将"font-family"设为"微软雅黑"，"font-size"设为 20 px，"line-height"设为 30 px，如图 14-42 所示。

（10）选中图 14-43 所示的文字，在"属性"面板"类"选项的下拉列表中选择"bt01"选项，应用样式，效果如图 14-44 所示。

图 14-41　　　　　　　　　　　　　　图 14-42

图 14-43　　　　　　　　　　　　　　图 14-44

（11）选中图 14-45 所示的文字，在"属性"面板"类"选项的下拉列表中选择"text01"选项，应用样式，效果如图 14-46 所示。

图 14-45　　　　　　　　　　　　　　图 14-46

（12）用相同的方法为其他文字应用样式，效果如图 14-47 所示。

图 14-47

3. 添加精品房源

（1）将光标置入当前表格的右侧，插入一个 1 行 1 列、宽为 975 像素的表格。在"CSS 设计器"面板中，单击"选择器"选项组中的"添加选择器"按钮 ✚，在"选择器"选项组中出现文本框，输入名称".bj02"，按 Enter 键确认输入，如图 14-48 所示；在"属性"选项组中单击"背景"按钮 ▨，切换到背景属性，单击"url"选项右侧的"浏览"按钮 ▭，在弹出的"选择图像源文件"对话框中，选择云盘中的"Ch14 > 素材 > 购房中心网页 > images > bj01.png"文件，如图 14-49 所示，单击"确定"按钮，返回到"CSS 设计器"面板，单击"background-repeat"选项右侧的"no-repeat"按钮 ▪，如图 14-50 所示。

图 14-48

图 14-49

图 14-50

（2）将光标置入刚插入表格的单元格中，在"属性"面板"类"选项的下拉列表中选择"bj02"选项，"水平"选项的下拉列表中选择"居中对齐"选项，"垂直"选项的下拉列表中选择"顶端"选项，将"高"选项设为 371。在当前单元格中插入一个 3 行 1 列、宽为 910 像素的表格。

（3）将光标置入刚插入表格的第 1 行单元格中，在"属性"面板中单击"拆分单元格为行或列"按钮 ▦，将单元格拆分为 2 列。将光标置入第 1 列单元格中，在"属性"面板"目标规则"选项的下拉列表中选择"<新内联样式>"选项，将"字体"选项设为"微软雅黑"，"大小"选项设为 20，"color"选项设为红色（#e11e22），"高"选项设为 80。在单元格中输入文字。

（4）将光标置入第 2 列单元格中，在"属性"面板"水平"选项的下拉列表中选择"右对齐"选项。在单元格中输入文字，效果如图 14-51 所示。

图 14-51

（5）将光标置入第 2 行单元格中，在"属性"面板"水平"选项的下拉列表中选择"居中对齐"选项。在单元格中插入图像并在两个图像之间输入空格，效果如图 14-52 所示。

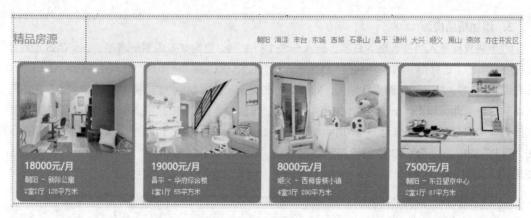

图 14-52

（6）将光标置入第 3 行单元格中，在"属性"面板"水平"选项的下拉列表中选择"居中对齐"选项，将"高"选项设为 80。在单元格中插入图像，效果如图 14-53 所示。

图 14-53

（7）用上述方法在其他单元格中插入表格、图像和输入文字，并应用样式设置文字的大小、颜色和行距，效果如图 14-54 所示。

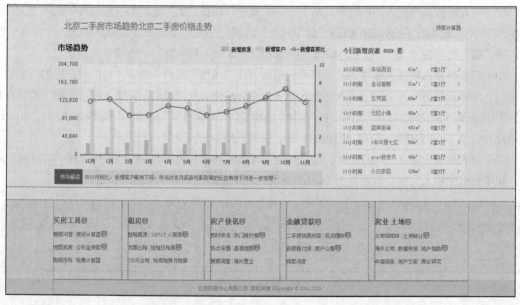

图 14-54

（8）保存文档，按 F12 键预览网页效果，如图 14-55 所示。

图 14-55

14.3 租房网页

14.3.1 案例分析

租房网是一个综合性的租房网站平台，拥有全面、真实的房源信息，以及 VR 看房、房屋估价等功能，业务涉及二手房、新房、租房、家装等，因此在网页的设计上希望表现出网站的高端定位和文化品位。

在网页设计制作过程中，使用红色作为主色调，为页面整体增添鲜活的气息，很好地装饰了网页；页面整体清新干净，表现出了网站的品位和房源的整洁度；通过对文字和图片的设计与编排，使用户能够快速搜寻到需要的房源信息。

本例将使用"页面属性"命令，设置页面字体的大小、颜色、页面边距及页面标题；使用"Table"按钮，布局页面；使用"Image"按钮，插入图像，添加网页标志和广告条；使用"CSS设计器"面板，制作表格边线、单元格背景效果，以及设置文字颜色、大小及行距；使用"属性"面板，设置单元格的宽度及高度。

14.3.2 案例设计

本案例效果如图 14-56 所示。

图 14-56

14.3.3　案例制作

1．制作导航效果

（1）选择"文件 > 新建"命令，新建空白文档。选择"文件 > 保存"命令，弹出"另存为"对话框。在"保存在"选项的下拉列表中选择当前站点目录保存路径，在"文件名"选项的文本框中输入"index"，单击"保存"按钮，返回网页编辑窗口。

（2）选择"文件 > 页面属性"命令，弹出"页面属性"对话框，将"大小"选项设为 12，"文本颜色"选项设为灰色（#646464），"左边距""右边距""上边距"和"下边距"选项均设为 0，如图 14-57 所示。

（3）在左侧的"分类"列表中选择"标题/编码"选项，在右侧的"标题"选项文本框中输入"租房网页"，如图 14-58 所示，单击"确定"按钮，完成页面属性的修改。

图 14-57　　　　　　　　　　　　　　　　图 14-58

（4）单击"插入"面板"HTML"选项卡中的"Table"按钮 ，在弹出的"Table"对话框中进行设置，如图 14-59 所示，单击"确定"按钮，保持表格的选取状态，在"属性"面板"Align"选项的下拉列表中选择"居中对齐"选项。

（5）将光标置入第 1 行单元格中，在"属性"面板"水平"选项的下拉列表中选择"居中对齐"选项，将"高"选项设为 70。在单元格中插入一个 1 行 3 列、宽为 960 像素的表格。将光标置入刚插入表格的第 1 列单元格中，在"属性"面板中，将"宽"选项设为 85。

（6）单击"插入"面板"HTML"选项卡中的"Image"按钮 ，在弹出的"选择图像源文件"对话框中，选择云盘目录下"Ch14 > 素材 > 租房网页 > images"文件夹中的"logo.jpg"文件，单击"确定"按钮，完成图像的插入，如图 14-60 所示。

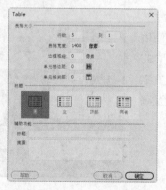 

图 14-59　　　　　　　　　　　　　　　　图 14-60

（7）将光标置入第 2 列单元格中，输入文字和空格。选择"窗口 ＞CSS 设计器"命令，弹出"CSS 设计器"面板，单击"选择器"选项组中的"添加选择器"按钮✚，在"选择器"选项组中出现文本框，输入名称".dh"，按 Enter 键确认输入，如图 14-61 所示；在"属性"选项组中单击"文本"按钮 ⓣ，切换到文本属性，将"font-size"设为 14 px，如图 14-62 所示。

图 14-61

图 14-62

（8）选中图 14-63 所示的文字，在"属性"面板"类"选项的下拉列表中选择"dh"选项，应用样式，效果如图 14-64 所示。

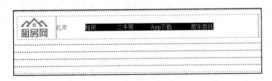

图 14-63

图 14-64

（9）将云盘中的"Ch14 ＞ 素材 ＞ 租房网页 ＞ images ＞ dsj.png"文件，插入相应的位置中，如图 14-65 所示。将光标置入第 3 列单元格中，在"属性"面板"水平"选项的下拉列表中选择"右对齐"选项。在单元格中输入文字，如图 14-66 所示。

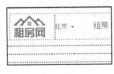

图 14-65

图 14-66

（10）在"CSS 设计器"面板中单击"选择器"选项组中的"添加选择器"按钮 ✚，在"选择器"选项组中出现文本框，输入名称".pic"，按 Enter 键确认输入，如图 14-67 所示；在"属性"选项组中单击"布局"按钮 ⯐，切换到布局属性，将"margin-right"设为 10 px，如图 14-68 所示；单击"文本"按钮 ⓣ，切换到文本属性，将"vertical-align"设为"middle"，如图 14-69 所示。

图 14-67　　　　　　　　　图 14-68　　　　　　　　　图 14-69

（11）将云盘中"Ch14 > 素材 > 租房网页 > images"文件夹中的"tb_1.png""tb_2.png"和"tb_3.png"文件，插入相应的位置中，并应用"pic"样式，效果如图 14-70 所示。

图 14-70

（12）将云盘中的"Ch14 > 素材 > 租房网页 > images > top.jpg"文件，插入主体表格的第 2 行单元格中，如图 14-71 所示。

图 14-71

2. 制作分类介绍区域

（1）将光标置入主体表格的第 3 行单元格中，在"属性"面板"水平"选项的下拉列表中选择"居中对齐"选项，将"高"选项设为 350。插入一个 2 行 5 列、宽为 885 像素的表格。选中刚插入表格的所有单元格，在"属性"面板"水平"选项的下拉列表中选择"居中对齐"选项。

（2）将光标置入到第 1 行第 2 列单元格中，在"属性"面板中，将"宽"选项设为 60。用相同

的方法设置第 4 列单元格的宽。将云盘中"Ch14 > 素材 > 租房网页 > images"文件夹中的
"tb_4.png""tb_5.png"和"tb_6.png"文件，插入相应的单元格中，如图 14-72 所示。

图 14-72

（3）在第 2 行第 1 列、第 3 列和第 5 列单元格中输入需要的文字，如图 14-73 所示。

图 14-73

（4）在"CSS 设计器"面板中单击"选择器"选项组中的"添加选择器"按钮，在"选择器"
选项组中出现文本框，输入名称".bt"，按 Enter 键确认输入，如图 14-74 所示；在"属性"选项组
中单击"文本"按钮，切换到文本属性，将"color"设为深灰色（#323232），"font-family"设
为"微软雅黑"，"font-size"设为 20 px，如图 14-75 所示。

（5）在"CSS 设计器"面板中单击"选择器"选项组中的"添加选择器"按钮，在"选择器"
选项组中出现文本框，输入名称".text"，按 Enter 键确认输入；在"属性"选项组中单击"文本"
按钮，切换到文本属性，将"line-height"设为 25 px，如图 14-76 所示。

图 14-74　　　　　　　　　　　图 14-75　　　　　　　　　　图 14-76

（6）选中图 14-77 所示的文字，在"属性"面板"类"选项的下拉列表中选择"bt"选项，应用样式，效果如图 14-78 所示。选中图 14-79 所示的文字，在"属性"面板"类"选项的下拉列表中选择"text"选项，应用样式，效果如图 14-80 所示。

图 14-77   图 14-78   图 14-79   图 14-80

（7）用上述方法制作出图 14-81 所示的效果。

图 14-81

3. 制作精选房源区域

（1）将光标置入主体表格的第 4 行单元格中，在"属性"面板"水平"选项的下拉列表中选择"居中对齐"选项，"垂直"选项的下拉列表中选择"顶端"选项，将"高"选项设为 700。在该单元格中插入一个 4 行 5 列、宽为 1 000 像素的表格。

（2）选中刚插入表格的第 1 行所有单元格，单击"属性"面板中的"合并所选单元格，使用跨度"按钮，将选中的单元格合并，并将云盘中的"Ch14 > 素材 > 租房网页 > images > bt.jpg"文件，插入到合并之后单元格中，效果如图 14-82 所示。

图 14-82

（3）在"CSS 设计器"面板中，单击"选择器"选项组中的"添加选择器"按钮 **+**，在"选择器"选项组中出现文本框，输入名称".bj"，按 Enter 键确认输入，如图 14-83 所示；在"属性"选项组中单击"背景"按钮，切换到背景属性，单击"url"选项右侧的"浏览"按钮，在弹出的"选择图像源文件"对话框中，选择云盘中的"Ch4 > 素材 > 租房网页 > images > bj.jpg"文件，单击"确定"按钮，返回到"CSS 设计器"面板，如图 14-84 所示，单击"background-repeat"选项右侧的"repeat-x"按钮，如图 14-85 所示。

图 14-83

图 14-84

图 14-85

（4）将光标置入第 2 行第 1 列单元格中，在"属性"面板"类"选项的下拉列表中选择"bj"选项，"水平"选项的下拉列表中选择"居中对齐"选项，将"宽"选项设为 329，"高"选项设为 280。在该单元格中插入一个 3 行 2 列、宽为 308 像素的表格，如图 14-86 所示。

（5）选中刚插入表格的第 1 行所有单元格，单击"属性"面板中的"合并所选单元格，使用跨度"按钮，将选中的单元格合并，并将云盘中的"Ch4 > 素材 > 租房网页 > images > img_1.jpg"文件，插入合并之后单元格中，效果如图 14-87 所示。

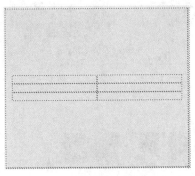

图 14-86

图 14-87

（6）在"CSS 设计器"面板中单击"选择器"选项组中的"添加选择器"按钮 +，在"选择器"选项组中出现文本框，输入名称".bt01"，按 Enter 键确认输入，如图 14-88 所示；在"属性"选项组中单击"文本"按钮 T，切换到文本属性，将"font-family"设为"宋体"，"font-weight"设为"bold"，"font-size"设为 14 px，如图 14-89 所示。

（7）在"CSS 设计器"面板中单击"选择器"选项组中的"添加选择器"按钮 +，在"选择器"选项组中出现文本框，输入名称".text01"，按 Enter 键确认输入；在"属性"选项组中单击"文本"按钮 T，切换到文本属性，将"color"选项设为红色（#f3102b），"font-size"设为 14 px，如图 14-90 所示。

图 14-88 图 14-89 图 14-90

（8）将光标置入第 2 行第 1 列单元格中，在"属性"面板"类"选项的下拉列表中选择"bt01"选项，将"宽"选项设为 186，"高"选项设为 30。在单元格中输入文字，效果如图 14-91 所示。将光标置入第 3 行第 1 列单元格中，输入文字，如图 14-92 所示。

（9）将光标置入到第 3 行第 2 列单元格中，在"属性"面板"类"选项的下拉列表中选择"text01"选项，"水平"选项的下拉列表中选择"右对齐"选项，将"宽"选项设为 122。在单元格中输入文字，效果如图 14-93 所示。

图 14-91 图 14-92 图 14-93

（10）用相同的方法制作出图 14-94 所示的效果。

图 14-94

4. 制作底部效果

（1）在"CSS 设计器"面板中，单击"选择器"选项组中的"添加选择器"按钮 ╋，在"选择器"选项组中出现文本框，输入名称".bj01"，按 Enter 键确认输入，如图 14-95 所示；在"属性"选项组中单击"背景"按钮，切换到背景属性，单击"url"选项右侧的"浏览"按钮 ▢，在弹出的"选择图像源文件"对话框中，选择云盘中的"Ch4 > 素材 > 租房网页 > images > bj_1.jpg"文件，单击"确定"按钮，返回到"CSS 设计器"面板，如图 14-96 所示，单击"background-repeat"选项右侧的"no-repeat"按钮 ▪，如图 14-97 所示。

图 14-95

图 14-96

图 14-97

（2）将光标置入主体表格的第 5 行单元格中，在"属性"面板"水平"选项的下拉列表中选择"居中对齐"选项，"垂直"选项的下拉列表中选择"顶端"选项，"类"选项的下拉列表中选择"bj01"选项，将"高"选项设为 773，效果如图 14-98 所示。

图 14-98

（3）在该单元格中插入一个 4 行 1 列、宽为 1 000 像素的表格。将光标置入刚插入表格的第 1 行单元格中，在"属性"面板中，将"高"选项设为 400。将云盘中的"Ch4 > 素材 > 租房网页 > images > text.png"文件，插入该单元格中，如图 14-99 所示。

图 14-99

（4）将光标置入第 2 行单元格中，在"属性"面板"水平"选项的下拉列表中选择"居中对齐"选项，"垂直"选项的下拉列表中选择"底部"选项，将"高"选项设为 240。将云盘中的"Ch4 > 素材 > 租房网页 > images > logo01.png"文件，插入该单元格中，如图 14-100 所示。

图 14-100

（5）在"CSS 设计器"面板中单击"选择器"选项组中的"添加选择器"按钮➕，在"选择器"选项组中出现文本框，输入名称".bk"，按 Enter 键确认输入，如图 14-101 所示；在"属性"选项组中单击"边框"按钮▢，切换到边框属性，单击"border"选项组中的"底部"按钮▢，将"width"设为 1 px，"style"设为"solid"，"color"设为灰色（#cccccc），如图 14-102 所示；在"属性"选项组中单击"文本"按钮▣，切换到文本属性，将"color"设为白色，如图 14-103 所示。

图 14-101

图 14-102

图 14-103

（6）将光标置入第 3 行单元格中，在"属性"面板"水平"选项的下拉列表中选择"居中对齐"
选项，"类"选项的下拉列表中选择"bk"选项，将"高"选项设为 60。在单元格中输入文字，效果
如图 14-104 所示。

图 14-104

（7）在"CSS 设计器"面板中单击"选择器"选项组中的"添加选择器"按钮 **+**，在"选择器"
选项组中出现文本框，输入名称".text02"，按 Enter 键确认输入，如图 14-105 所示；在"属性"
选项组中单击"文本"按钮 **T**，切换到文本属性，将"color"设为白色，"line-height"设为 25 px，
如图 14-106 所示。

图 14-105

图 14-106

（8）将光标置入第 4 行单元格中，在"属性"面板"水平"选项的下拉列表中选择"居中对齐"
选项，"类"选项的下拉列表中选择"text02"选项，将"高"选项设为 70。在单元格中输入文字，
效果如图 14-107 所示。

图 14-107

（9）租房网页效果制作完成，保存文档，按 F12 键，预览网页效果，如图 14-108 所示。

图 14-108

14.4 短租房网页

14.4.1 案例分析

短租网是一个新兴的租房网站平台，可为用户提供民宿短租服务；房源包括普通民宿、四合院、花园洋房、海景房等。房东可以通过分享闲置的房源或房间，为房客提供更具特色的住宿选择，并获得可观的收益。要求网页设计布局要清晰合理，能给客户提供一个完善的房产信息交流平台。

在网页设计制作过程中，使用房源实景图作为展示内容，增添了网页的空间感并且很好地突出了房源信息，页面的功能划分合理，使用户能够快速搜寻到需要的房源信息。

本例将使用"页面属性"命令，设置页面字体的大小、颜色、页面边距及页面标题；使用"Table"按钮，插入表格布局页面；使用"Image"按钮，插入图像添加网页标志和广告条；使用"CSS 设计器"面板，设置文字的颜色、大小及行距；使用"属性"面板，设置单元格的宽度及高度。

14.4.2 案例设计

本案例效果如图 14-109 所示。

图 14-109

14.4.3 案例制作

案例制作的详细操作步骤见二维码。

课堂练习——二手房网页

【练习知识要点】使用"页面属性"命令，设置页面字体、大小、颜色、边距和标题；使用"Image"按钮，插入装饰性图片；使用"属性"面板，设置单元格高度和对齐方式；使用"CSS 设计器"面板，设置单元格的背景图像和文字的大小、颜色及行距，如图 14-110 所示。

【效果所在位置】云盘/Ch14/效果/二手房网页/index.html。

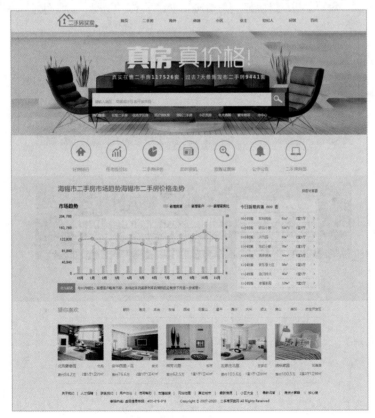

图 14-110

课后习题——热门房地产网页

【习题知识要点】使用"Table"按钮，插入布局表格；使用"Image"按钮，插入图像效果；使用"ID"标记，创建 ID 超链接效果；使用"CSS 设计器"面板，设置单元格的背景图像和文字的颜色、大小，如图 14-111 所示。

【效果所在位置】云盘/Ch14/效果/热门房地产网页/ index.html。

图 14-111

第15章
电子商务网页

近年来，电子商务得到了迅猛的发展。它是数字化商业社会的核心，是未来商业生存、发展的主流方式。随着时代的发展，不具备网上交易能力的企业将失去广阔的市场，以致无法在未来的市场竞争中占优势。本章以多个类型的电子商务网页为例，讲解电子商务网页的设计方法和制作技巧。

课堂学习目标

- ✔ 了解电子商务网页的功能
- ✔ 了解电子商务网页的服务内容
- ✔ 掌握电子商务网页的设计流程
- ✔ 掌握电子商务网页的设计布局
- ✔ 掌握电子商务网页的制作方法

15.1　电子商务网页概述

　　电子商务通常是指在全球各地广泛的商业贸易活动中，在因特网开放的网络环境下，基于浏览器/服务器应用方式，买卖双方不见面地进行各种商贸活动，实现消费者网上购物、商户之间网上交易和在线电子支付及各种商务活动、交易活动、金融活动和相关综合服务活动的一种新型的商业运营模式。随着国内因特网使用人数的增加，利用因特网进行网络购物并以银行卡付款的消费方式已渐流行，市场份额迅速增长，电子商务网站也层出不穷，已经服务到千家万户。

15.2　电子购物平台网页

15.2.1　案例分析

电子购物平台就是企业或个人在互联网上建立的一个站点，是企业与个人进行资源交换的平台和实施电商交互的窗口。本例是为大山购物设计制作的电子购物网页界面。要求网页的设计布局要清晰合理、设计风格要具有个性，体现出电子购物的便捷性和灵活性。

在网页设计制作过程中，将标志和导航栏置于页面最上方，方便用户的浏览。Banner 区是推荐的每期热门产品的内容，每个栏目的精心设置都充分考虑用户的浏览习惯，设计风格简洁大方。页面整体内容分类明确，方便用户浏览交流。

本例将使用"Table"按钮，插入表格布局页面；使用"Image"按钮，插入图像；使用"CSS设计器"面板，设置单元格的背景、文字的颜色、大小。

15.2.2 案例设计

本案例效果如图 15-1 所示。

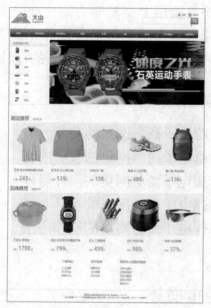

图 15-1

15.2.3 案例制作

1. 制作导航条区域

（1）选择"文件 > 新建"命令，新建空白文档。选择"文件 > 保存"命令，弹出"另存为"对话框，在"保存在"选项的下拉列表中选择当前站点目录保存路径；在"文件名"选项的文本框中输入"index"，单击"保存"按钮，返回网页编辑窗口。

（2）选择"文件 > 页面属性"命令，弹出"页面属性"对话框，在左侧的"分类"列表中选择"外观（CSS）"选项，将"页面字体"选项设为"微软雅黑"，"大小"选项设为 12，"文本颜色"选项设为深灰色（#323232），"左边距""右边距""上边距"和"下边距"选项均设为 0，如图 15-2所示。

（3）在左侧的"分类"列表中选择"标题/编码"选项，在"标题"选项的文本框中输入"电子购物平台网页"，如图 15-3 所示。单击"确定"按钮完成页面属性的修改。

图 15-2　　　　　　　　　　　　　　　　　　图 15-3

（4）单击"插入"面板"HTML"选项卡中的"Table"按钮 ▦，在弹出的"Table"对话框中进行设置，如图 15-4 所示。单击"确定"按钮，完成表格的插入。保持表格的选取状态，在"属性"面板"Align"选项的下拉列表中选择"居中对齐"选项。

（5）将光标置入到第 1 行单元格中，在"属性"面板中，将"高"选项设为 140。在该单元格中插入一个 2 行 2 列、宽为 1 300 像素的表格。选中刚插入表格的第 1 列所有单元格，单击"属性"面板中的"合并所选单元格，使用跨度"按钮 ▭，将选中的单元格进行合并。

（6）单击"插入"面板"HTML"选项卡中的"Image"按钮 ▨，在弹出的"选择图像源文件"对话框中，选择云盘中的"Ch15 ＞ 素材 ＞ 电子购物平台网页 ＞ images ＞ logo.jpg"文件，单击"确定"按钮，完成图像的插入，如图 15-5 所示。

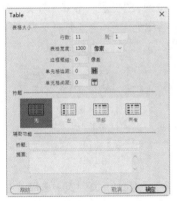

图 15-4　　　　　　　　　　　　　　　　　　图 15-5

（7）将光标置入第 1 行第 2 列单元格中，在"属性"面板"水平"选项的下拉列表中选择"右对齐"选项。在该单元格中输入文字，并插入相应的图像，如图 15-6 所示。

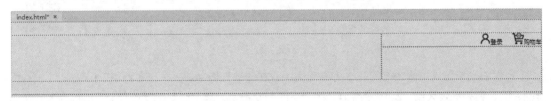

图 15-6

（8）选择"窗口 ＞ CSS 设计器"命令，弹出"CSS 设计器"面板，单击"选择器"选项组中的"添加选择器"按钮 ✚，在"选择器"选项组中出现文本框，输入名称".pic"，按 Enter 键确认输入，如图 15-7 所示；在"属性"选项组中单击"文本"按钮 **T**，切换到文本属性，将"vertical-align"设为"middle"，如图 15-8 所示；单击"布局"按钮 ▦，切换到布局属性，将"margin-right"设为 10 px，如图 15-9 所示。

图 15-7

图 15-8

图 15-9

（9）选中图 15-10 所示的图像，在"属性"面板"无"选项的下拉列表中选择"pic"选项，应用样式，效果如图 15-11 所示。用相同的方法为其他图像应用样式，效果如图 15-12 所示。

图 15-10

图 15-11

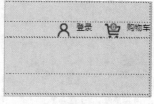

图 15-12

（10）将光标置入第 2 行第 2 列单元格中，在"属性"面板"水平"选项的下拉列表中选择"右对齐"选项。将云盘中的"Ch15 > 素材 > 电子购物平台网页 > images > ss.jpg"文件，插入该单元格中，如图 15-13 所示。

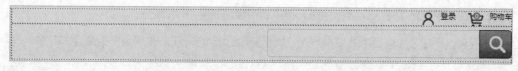

图 15-13

（11）将光标置入主体表格的第 2 行单元格中，在该单元格中插入一个 1 行 3 列、宽为 1 300 像素的表格。将光标置入第 1 列单元格中，在"属性"面板中，将"宽"选项设为 8。用相同的方法设置第 3 列单元格的宽为 9。分别将云盘中"Ch15 > 素材 > 电子购物平台网页 > images"文件夹中的"dh01.png"和"dh02.png"文件，插入第 1 列和第 3 列单元格中。

（12）在"CSS 设计器"面板中，单击"选择器"选项组中的"添加选择器"按钮 ✛，在"选择器"选项组中出现文本框，输入名称".bj"，按 Enter 键确认输入，如图 15-14 所示；在"属性"选项组中单击"背景"按钮 ▨，切换到背景属性，单击"url"选项右侧的"浏览"按钮 ▭，在弹出的"选择图像源文件"对话框中，选择云盘中的"Ch15 > 素材 > 电子购物平台网页 > images > bj.jpg"文件，如图 15-15 所示，单击"确定"按钮，返回到"CSS 设计器"面板，单击"background-repeat"选项右侧的"repeat-x"按钮 ▦，如图 15-16 所示。

图 15-14

图 15-15

图 15-16

（13）将光标置入第 2 列单元格中，在"属性"面板"类"选项的下拉列表中选择"bj"选项，应用样式，效果如图 15-17 所示。在该单元格中插入一个 1 行 17 列、宽为 100%的表格。

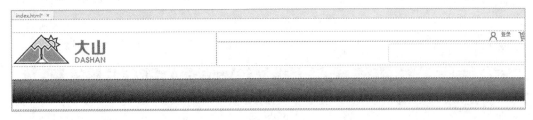

图 15-17

（14）选中刚插入表格的所有奇数列，在"属性"面板中，将"宽"选项设为 100。选中所有单元格，在"属性"面板"水平"选项的下拉列表中选择"居中对齐"选项。在各个单元格中输入文字并插入相应的图像，如图 15-18 所示。

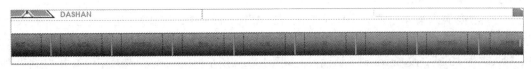

图 15-18

（15）在"CSS 设计器"面板中，单击"选择器"选项组中的"添加选择器"按钮 ✛，在"选择器"选项组中出现文本框，输入名称".dh"，按 Enter 键确认输入，如图 15-19 所示；在"属性"选项组中单击"文本"按钮 **T**，切换到文本属性，将"color"设为白色，"font-size"设为 16 px，如图 15-20 所示。

图 15-19

图 15-20

（16）选中图 15-21 所示的文字，在"属性"面板"类"选项的下拉列表中选择"dh"选项，应用样式，效果如图 15-22 所示。用相同的方法为其他文字应用样式，效果如图 15-23 所示。

图 15-21

图 15-22

图 15-23

2. 制作分类导航区域

（1）将光标置入主体表格的第 4 行单元格中，单击"属性"面板中的"拆分单元格为行或列"按钮 ，弹出"拆分单元格"对话框，选择"把单元格拆分成"选项组中的"列"单选项，将"列数"选项设为 3，单击"确定"按钮，将单元格拆分成 3 列。

（2）将光标置入第 4 行第 2 列单元格中，在"属性"面板中，将"宽"选项设为 20。在"CSS 设计器"面板中单击"选择器"选项组中的"添加选择器"按钮 ，在"选择器"选项组中出现文本框，输入名称".bk"，按 Enter 键确认输入，如图 15-24 所示；在"属性"选项组中单击"边框"按钮 ，切换到边框属性，单击"border"选项组中的"全部"按钮 ，将"width"设为 1 px，"style"设为"solid"，"color"设为灰色（#cccccc），如图 15-25 所示。

图 15-24

图 15-25

（3）将光标置入第 4 行第 1 列单元格中，在"属性"面板"水平"选项的下拉列表中选择"居中对齐"选项，"垂直"选项的下拉列表中选择"顶端"选项，"类"选项的下拉列表中选择"bk"选项，将"宽"选项设为 256，"高"选项设为 426。在该单元格中插入一个 8 行 2 列、宽为 100% 的表格，如图 15-26 所示。

（4）选中刚插入表格的第 1 行单元格，单击"属性"面板中的"合并所选单元格，使用跨度"按钮，将选中的单元格进行合并，效果如图 15-27 所示。

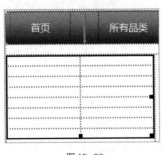

图 15-26

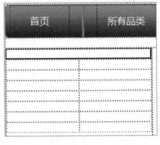

图 15-27

（5）在"CSS 设计器"面板中，单击"选择器"选项组中的"添加选择器"按钮 +，在"选择器"选项组中出现文本框，输入名称".bj01"，按 Enter 键确认输入；在"属性"选项组中单击"背景"按钮，切换到背景属性，单击"url"选项右侧的"浏览"按钮，在弹出的"选择图像源文件"对话框中，选择云盘中的"Ch15 > 素材 > 电子购物平台网页 > images > bj01.jpg"文件，单击"确定"按钮，返回到"CSS 设计器"面板，单击"background-repeat"选项右侧的"repeat-x"按钮，如图 15-28 所示。

（6）单击"布局"按钮，切换到布局属性，将"padding-left"设为 20 px，如图 15-29 所示。单击"文本"按钮 T，切换到文本属性，将"font-size"设为 18 px，如图 15-30 所示。

图 15-28

图 15-29

图 15-30

（7）将光标置入第 1 行单元格中，在"属性"面板"类"选项的下拉列表中选择"bj01"选项，将"高"选项设为 43。在该单元格中输入文字，效果如图 15-31 所示。

（8）选中图 15-32 所示的单元格，在"属性"面板"水平"选项的下拉列表中选择"居中对齐"选项，将"宽"选项设为 100，"高"选项设为 55。将光标置入第 2 行第 1 列单元格中，在"属性"面板中，将"宽"选项设为 156。在各个单元格中插入相应的图像和输入文字，如图 15-33 所示。

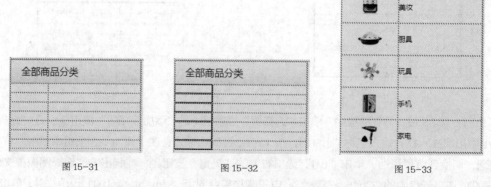

图 15-31

图 15-32

图 15-33

（9）在"CSS 设计器"面板中，单击"选择器"选项组中的"添加选择器"按钮 ✚，在"选择器"选项组中出现文本框，输入名称".text"，按 Enter 键确认输入，如图 15-34 所示；在"属性"选项组中单击"文本"按钮 **T**，切换到文本属性，将"font-size"设为 14 px，如图 15-35 所示。

图 15-34

图 15-35

（10）选中文字"箱包"，如图 15-36 所示，在"属性"面板"类"选项的下拉列表中选择"text"选项，应用样式，效果如图 15-37 所示。用相同的方法为其他文字应用样式，效果如图 15-38 所示。

图 15-36

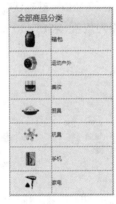

图 15-37

图 15-38

（11）将光标置入主体表格的第 4 行第 3 列单元格中，在"属性"面板"垂直"选项的下拉列表中选择"顶端"选项。将云盘中的"Ch15 > 素材 > 电子购物平台网页 > images > img01.jpg"文件插入到该单元格中，如图 15-39 所示。

图 15-39

3. 制作潮流推荐和品牌推荐区域

（1）将光标置入主体表格的第 5 行单元格中，在"属性"面板中，将"高"选项设为 60。用相同的方法设置主体表格的第 6 行单元格的高为 60。在第 6 行单元格中输入文字，如图 15-40 所示。

图 15-40

（2）在"CSS 设计器"面板中，单击"选择器"选项组中的"添加选择器"按钮 **+**，在"选择器"选项组中出现文本框，输入名称".bt"，按 Enter 键确认输入，如图 15-41 所示；在"属性"选项组中单击"文本"按钮 **T**，切换到文本属性，将"font-size"设为 32 px，如图 15-42 所示。

（3）在"CSS 设计器"面板中，单击"选择器"选项组中的"添加选择器"按钮 **+**，在"选择器"选项组中出现文本框，输入名称".bt01"，按 Enter 键确认输入；在"属性"选项组中单击"文本"按钮 **T**，切换到文本属性，将"color"设为蓝色（#3b7ad0），"font-size"设为 16 px，如图 15-43 所示。

图 15-41

图 15-42

图 15-43

（4）选中文字"潮流推荐"，在"属性"面板"类"选项的下拉列表中选择"bt"选项，应用样式，效果如图 15-44 所示。选中文字"查看所有"，在"属性"面板"类"选项的下拉列表中选择"bt01"选项，应用样式，效果如图 15-45 所示。

图 15-44

图 15-45

（5）将光标置入主体表格的第 7 行单元格中，在"属性"面板"水平"选项的下拉列表中选择"居

中对齐"选项。在该单元格中插入一个 2 行 9 列、宽为 1 290 像素的表格。在刚插入表格第 1 行的奇
数单元格中，插入相应的图像，如图 15-46 所示。

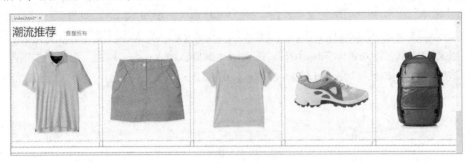

图 15-46

（6）在"CSS 设计器"面板中，单击"选择器"选项组中的"添加选择器"按钮 **+**，在"选择器"
选项组中出现文本框，输入名称".bj02"，按 Enter 键确认输入，如图 15-47 所示；在"属性"选项
组中单击"背景"按钮，切换到背景属性，将"background-color"设为淡灰色（#fafafa），如
图 15-48 所示；单击"布局"按钮，切换到布局属性，将"padding-left"设为 15 px，如图 15-49
所示。

图 15-47

图 15-48

图 15-49

（7）将光标置入第 2 行第 1 列单元格中，在"属性"面板"类"选项的下拉列表中选择"bj02"
选项，将"高"选项设为 120。用相同的方法为第 2 行第 3 列、第 5 列、第 7 列和第 9 列单元格应用
"bj02"样式，并在各个单元格中输入需要的文字，如图 15-50 所示。

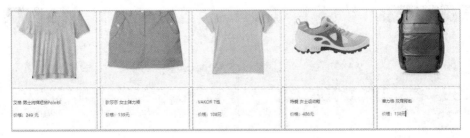

图 15-50

（8）在"CSS设计器"面板中，单击"选择器"选项组中的"添加选择器"按钮＋，在"选择器"选项组中出现文本框，输入名称".bt02"，按Enter键确认输入，如图15-51所示；在"属性"选项组中单击"文本"按钮 T，切换到文本属性，将"font-size"设为18 px，如图15-52所示。

（9）在"CSS设计器"面板中，单击"选择器"选项组中的"添加选择器"按钮＋，在"选择器"选项组中出现文本框，输入名称".text01"，按Enter键确认输入；在"属性"选项组中单击"文本"按钮 T，切换到文本属性，将"color"设为深红色（#bb3b1b），"font-size"设为36 px，如图15-53所示。

图15-51 　　　　　　　　　　图15-52 　　　　　　　　　　图15-53

（10）选中图15-54所示的文字，在"属性"面板"类"选项的下拉列表中选择"bt01"选项，应用样式，效果如图15-55所示。选中图15-56所示的文字，在"属性"面板"类"选项的下拉列表中选择"text01"选项，应用样式，效果如图15-57所示。用相同的方法为其他文字应用样式，制作出图15-58所示的效果。

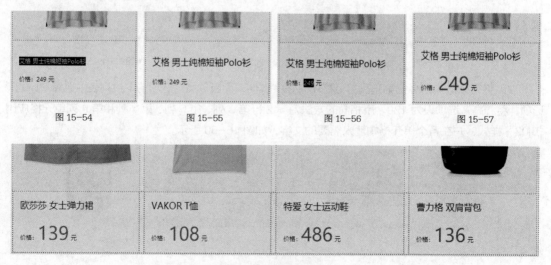

图15-58

（11）用上述方法制作出图 15-59 所示的效果。

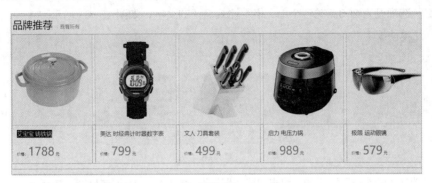

图 15-59

4. 制作底部区域

（1）在 "CSS 设计器" 面板中单击 "选择器" 选项组中的 "添加选择器" 按钮 ➕，在 "选择器" 选项组中出现文本框，输入名称 ".bk01"，按 Enter 键确认输入，如图 15-60 所示；在 "属性" 选项组中单击 "边框" 按钮 🔲，切换到边框属性，单击 "border" 选项组中的 "底部" 按钮 🔲，将 "width" 设为 1 px，"style" 设为 "solid"，"color" 设为灰色（#cccccc），如图 15-61 所示。

图 15-60

图 15-61

（2）将光标置入到主体表格的第 10 行单元格中，在 "属性" 面板 "水平" 选项的下拉列表中选择 "居中对齐" 选项，"类" 选项的下拉列表中选择 "bk01" 选项，将 "高" 选项设为 240。在该单元格中插入一个 1 行 3 列、宽为 600 像素的表格，如图 15-62 所示。

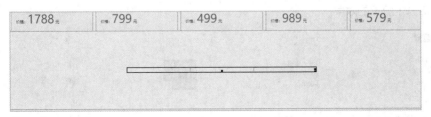

图 15-62

（3）选中刚插入表格的所有单元格，在"属性"面板"垂直"选项的下拉列表中选择"顶端"选项，将"宽"选项设为 200。在各个单元格中输入需要的文字，如图 15-63 所示。

图 15-63

（4）在"CSS 设计器"面板中，单击"选择器"选项组中的"添加选择器"按钮 **+**，在"选择器"选项组中出现文本框，输入名称".bt03"，按 Enter 键确认输入，如图 15-64 所示；在"属性"选项组中单击"文本"按钮 **T**，切换到文本属性，将"font-size"设为 20 px，如图 15-65 所示。

（5）在"CSS 设计器"面板中，单击"选择器"选项组中的"添加选择器"按钮 **+**，在"选择器"选项组中出现文本框，输入名称".text02"，按 Enter 键确认输入；在"属性"选项组中单击"文本"按钮 **T**，切换到文本属性，将"color"设为蓝色（#294494），"font-size"设为 16 px，"line-height"设为 25 px，如图 15-66 所示。

图 15-64

图 15-65

图 15-66

（6）选中图 15-67 所示的文字，在"属性"面板"类"选项的下拉列表中选择"bt03"选项，应用样式，效果如图 15-68 所示。选中图 15-69 所示的文字，在"属性"面板"类"选项的下拉列表中选择"text02"选项，应用样式，效果如图 15-70 所示。用相同的方法为其他文字应用样式，制作出图 15-71 所示的效果。

图 15-67   图 15-68   图 15-69   图 15-70

图 15-71

（7）将光标置入主体表格的第 11 行单元格中，在"属性"面板"水平"选项的下拉列表中选择"居中对齐"选项，将"高"选项设为 80。在该单元格中输入文字，如图 15-72 所示。

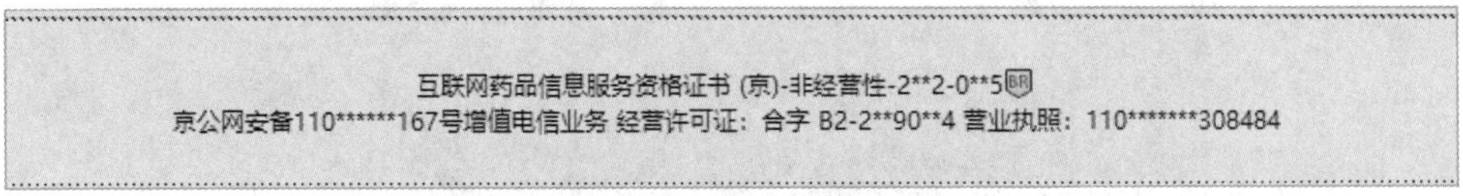

互联网药品信息服务资格证书 (京)-非经营性-2**2-0**5

京公网安备110******167号增值电信业务 经营许可证：合字 B2-2**90**4 营业执照：110*******308484

图 15-72

（8）保存文档，按 F12 键，预览网页效果，效果如图 15-73 所示。

图 15-73

15.3 商务在线网页

15.3.1 案例分析

商务在线是依托网络进行生产和营销的商务活动。它利用电子信息技术来扩大宣传、降低成本；包括上网查询原材料、采购、订购、生产、储运及电子支付等一系列贸易活动的网站。本例是为商务在线设计制作的网页，目的是进行宣传、吸引更多的消费者。在网页设计中要体现出商务在线网站的实用性和完整性。

在网页的设计制作过程中，左上角的标志和导航栏的设计简洁明快，方便用户浏览和交换商务信息；热门行业分类，提供了其他的商务信息栏目，详细介绍了与商务活动有关的各种信息。整个页面简洁大方、结构清晰，有利于用户的商务查询和交易。

本例将使用"Image"按钮，插入图像；使用"属性"面板，设置单元格和文字颜色制作导航效果；使用"CSS 设计器"面板，设置文字的大小、颜色和行距。

15.3.2　案例设计

本案例效果如图 15-74 所示。

图 15-74

15.3.3　案例制作

1. 制作导航条和焦点图区域

（1）选择"文件 > 新建"命令，新建空白文档。选择"文件 > 保存"命令，弹出"另存为"对话框，在"保存在"选项的下拉列表中选择当前站点目录保存路径；在"文件名"选项的文本框中输入"index"，单击"保存"按钮，返回网页编辑窗口。

（2）选择"文件 > 页面属性"命令，弹出"页面属性"对话框，在左侧的"分类"列表中选择"外观（CSS）"选项，将"页面字体"选项设为"宋体"，"大小"选项设为 12，"文本颜色"选项设为深灰色（#323232），"左边距""右边距""上边距"和"下边距"选项均设为 0，如图 15-75 所示。

（3）在左侧的"分类"列表中选择"标题/编码"选项，在"标题"选项的文本框中输入"商务在线网页"，如图 15-76 所示。单击"确定"按钮完成页面属性的修改。

图 15-75

图 15-76

（4）选择"窗口 ＞CSS 设计器"命令，弹出"CSS 设计器"面板，单击"选择器"选项组中的"添加选择器"按钮 ，在"选择器"选项组中出现文本框，输入名称".bj"，按 Enter 键确认输入，如图 15-77 所示；在"属性"选项组中单击"背景"按钮 ，切换到背景属性，单击"url"选项右侧的"浏览"按钮 ，在弹出的"选择图像源文件"对话框中，选择云盘中的"Ch15 ＞ 素材 ＞ 电子商务网页 ＞ images ＞ bj.jpg"文件，如图 15-78 所示，单击"确定"按钮，返回到"CSS 设计器"面板，单击"background-repeat"选项右侧的"no-repeat"按钮 ，如图 15-79 所示。

图 15-77

图 15-78

图 15-79

（5）单击"插入"面板"HTML"选项卡中的"Table"按钮 ，在弹出的"Table"对话框中进行设置，如图 15-80 所示。单击"确定"按钮，完成表格的插入。保持表格的选取状态，在"属性"面板"Align"选项的下拉列表中选择"居中对齐"选项。

（6）将光标置入单元格中，在"属性"面板"水平"选项的下拉列表中选择"居中对齐"选项，"垂直"选项的下拉列表中选择"顶端"选项，"类"选项的下拉列表中选择"bj"选项，将"高"选项设为 1 600，效果如图 15-81 所示。

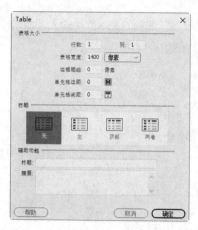

图 15-80

图 15-81

（7）在该单元格中插入一个1行2列、宽为980像素的表格。在"CSS设计器"面板中，单击"选择器"选项组中的"添加选择器"按钮 ✚，在"选择器"选项组中出现文本框，输入名称".bj01"，按Enter键确认输入，如图15-82所示；在"属性"选项组中单击"背景"按钮 🔳，切换到背景属性，单击"url"选项右侧的"浏览"按钮 🗀，在弹出的"选择图像源文件"对话框中，选择云盘中的"Ch15 > 素材 > 电子商务网页 > images > logo.png"文件，如图15-83所示，单击"确定"按钮，返回到"CSS设计器"面板，单击"background-repeat"选项右侧的"no-repeat"按钮 ▪，如图15-84所示。

图 15-82

图 15-83

图 15-84

（8）将光标置入刚插入表格的第1列单元格中，在"属性"面板"类"选项的下拉列表中选择"bj01"选项，将"宽"选项设为593，"高"选项设为150。在该单元格中插入一个5行2列、宽为500像素的表格。

（9）将光标置入刚插入表格的第1行第1列单元格中，在"属性"面板中，将"宽"选项设为140，"高"选项设为30。用相同的方法设置第2行、第3行、第4行和第5行第1列单元格的高为30，第1行第2列单元格的宽为360，效果如图15-85所示。

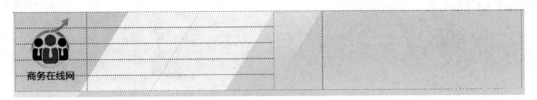

图 15-85

（10）在"CSS 设计器"面板中，单击"选择器"选项组中的"添加选择器"按钮＋，在"选择器"选项组中出现文本框，输入名称".text"，按 Enter 键确认输入，如图 15-86 所示；在"属性"选项组中单击"文本"按钮，切换到文本属性，将"color"设为黑色（#222222），"font-family"设为"微软雅黑"，"font-size"设为 14 px，如图 15-87 所示。

图 15-86

图 15-87

（11）将光标置入第 1 行第 2 列单元格中，在"属性"面板"类"选项的下拉列表中选择"text"选项，应用样式，在该单元格中输入文字和空格，效果如图 15-88 所示。用相同的方法为其他单元格应用样式并输入文字和空格，效果如图 15-89 所示。

图 15-88

图 15-89

（12）将光标置入主体表格的第 2 列单元格中，在"属性"面板"水平"选项的下拉列表中选择"右对齐"选项，将"宽"选项设为 387。单击"插入"面板"HTML"选项卡中的"Image"按钮，在弹出的"选择图像源文件"对话框中，选择云盘中的"Ch15 > 素材 > 商务在线网页 > images > tel.png"文件，单击"确定"按钮，完成图像的插入，如图 15-90 所示。

图 15-90

（13）将光标置入当前表格的右外侧，插入一个 6 行 1 列、宽为 980 像素的表格。将光标置入到刚插入表格的第 1 行单元格中，在"属性"面板中，将"高"选项设为 380。将云盘中的"Ch15 > 素材 > 商务在线网页 > images > jd.jpg"文件，插入到该单元格中，如图 15-91 所示。

图 15-91

2. 制作热门行业分类区域

（1）将光标置入第 2 行单元格中，在该单元格中插入一个 7 行 3 列、宽为 980 像素的表格。选中刚插入表格的第 1 行第 1 列和第 2 列单元格，单击"属性"面板中的"合并所选单元格，使用跨度"按钮，将选中的单元格进行合并。用相同的方法将第 3 列单元格合并，效果如图 15-92 所示。

图 15-92

（2）将云盘中的"Ch15 > 素材 > 商务在线网页 > images > bt01.png"文件，插入第 1 行第 1 列单元格中。将光标置入第 3 列单元格中，在"属性"面板"垂直"选项的下拉列表中选择"顶端"选项，将"宽"选项设为 238。将云盘中的"Ch15 > 素材 > 商务在线网页 > images > zc.png"文件，插入该单元格中，如图 15-93 所示。

（3）选中第 2 行第 1 列和第 2 列单元格，在"属性"面板"垂直"选项的下拉列表中选择"底部"选项，将"高"选项设为 30。用相同的方法设置第 5 行第 1 列和第 2 列单元格。在各个单元格中输入需要的文字，如图 15-94 所示。

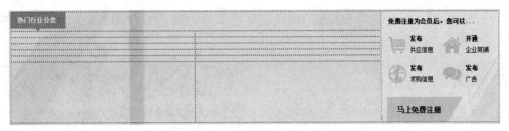

图 15-93

图 15-94

（4）选择"窗口＞CSS 设计器"命令，弹出"CSS 设计器"面板，单击"选择器"选项组中的"添加选择器"按钮 ✛，在"选择器"选项组中出现文本框，输入名称".pic"，按 Enter 键确认输入；在"属性"选项组中单击"文本"按钮 Ｔ，切换到文本属性，将"vertical-align"设为"middle"，如图 15-95 所示。

（5）在"CSS 设计器"面板中，单击"选择器"选项组中的"添加选择器"按钮 ✛，在"选择器"选项组中出现文本框，输入名称".bt"，按 Enter 键确认输入；在"属性"选项组中单击"文本"按钮 Ｔ，切换到文本属性，将"font-weight"设为"bold"，如图 15-96 所示。

（6）在"CSS 设计器"面板中，单击"选择器"选项组中的"添加选择器"按钮 ✛，在"选择器"选项组中出现文本框，输入名称".text01"，按 Enter 键确认输入；在"属性"选项组中单击"文本"按钮 Ｔ，切换到文本属性，将"line-height"设为 25 px，如图 15-97 所示。

图 15-95

图 15-96

图 15-97

（7）选中图 15-98 所示的图像，在"属性"面板"无"选项的下拉列表中选择"pic"选项，应用样式，效果如图 15-99 所示。

图 15-98 图 15-99

（8）选中图 15-100 所示的文字，在"属性"面板"类"选项的下拉列表中选择"bt"选项，应用样式，效果如图 15-101 所示。

 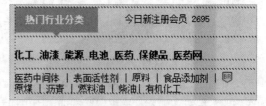

图 15-100 图 15-101

（9）选中图 15-102 所示的文字，在"属性"面板"类"选项的下拉列表中选择"bt"选项，应用样式，效果如图 15-103 所示。

 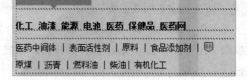

图 15-102 图 15-103

（10）用上述方法为其他文字应用样式，制作出图 15-104 所示的效果。

图 15-104

（11）将云盘中的"Ch15＞素材＞商务在线网页＞images＞xt01.png"文件，插入第 3 行第 1 列和第 6 行第 1 列单元格中。将云盘中的"Ch15＞素材＞商务在线网页＞images＞xt02.png"文件，插入第 3 行第 2 列和第 6 行第 2 列单元格中，效果如图 15-105 所示。

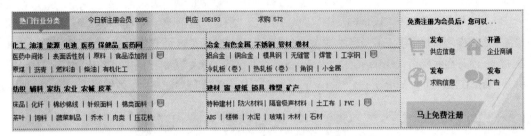

图 15-105

3. 制作内容和底部区域

（1）将光标置入主体表格的第 3 行单元格中，在"属性"面板中，将"高"选项设为 20。将光标置入到主体表格的第 4 行单元格中，在该单元格中插入一个 2 行 4 列、宽为 980 像素的表格。选中刚插入表格的第 2 行第 1 列和第 2 列单元格，单击"属性"面板中的"合并所选单元格，使用跨度"按钮，将选中的单元格进行合并。用相同的方法将第 4 列单元格合并，效果如图 15-106 所示。

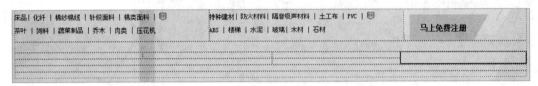

图 15-106

（2）选中第 1 行第 1 列、第 2 列和第 3 列单元格，在"属性"面板"垂直"选项的下拉列表中选择"顶端"选项。选中第 2 行第 1 列、第 2 列和第 3 列单元格，在"属性"面板"垂直"选项的下拉列表中选择"底部"选项，将"高"选项设为 260。在各个单元格中插入相应的图像，效果如图 15-107 所示。

图 15-107

（3）将光标置入第 4 列单元格中，在"属性"面板"垂直"选项的下拉列表中选择"顶端"选项，将"宽"选项设为 238。在该单元格中插入一个 3 行 1 列、宽为 238 像素的表格。将云盘中的"Ch15 > 素材 > 商务在线网页 > images > pic06.jpg"文件，插入第 1 行单元格中。将云盘中的"Ch15 > 素材 > 商务在线网页 > images > pic07.jpg"文件，插入第 3 行单元格中，效果如图 15-108 所示。

图 15-108

（4）将光标置入主体表格的第 5 行单元格中，在"属性"面板"垂直"选项的下拉列表中选择"底部"选项，将"高"选项设为 60。将云盘中的"Ch15 > 素材 > 商务在线网页 > images > xt03.png"文件，插入该单元格中，效果如图 15-109 所示。

图 15-109

（5）将光标置入主体表格的第 6 行单元格中，在"属性"面板"水平"选项的下拉列表中选择"居中对齐"选项，"类"选项的下列表中选择"text01"选项。在该单元格中输入文字，效果如图 15-110 所示。

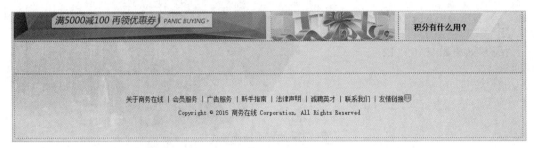

图 15-110

（6）保存文档，按 F12 键，预览网页效果，如图 15-111 所示。

图 15-111

15.4 家政无忧网页

15.4.1 案例分析

家政无忧网站是一个专业的家庭保洁服务平台，提供日常保洁、家电清洗、干洗、新居开荒、家具维修等家政服务，让您足不出户就能享受到最快捷、方便的生活服务。本例是为家政无忧设计制作的网页，目的是宣传和推广公司的家政服务、吸引更多的消费者。在网页设计中要体现出家政无忧网站的高效性和便捷性。

在设计制作过程中，色彩搭配清爽怡人，整体的色调符合家政服务的特色；简洁明了的导航栏，方便用户浏览信息；Banner 区设计编排合理，清晰地介绍了商家的信息；页面整体设计清新干净，使人印象深刻。

本案例将使用"Image"按钮，插入图像；使用"Table"按钮，插入表格布局页面；使用"CSS设计器"面板，设置文字的大小、颜色和行距；使用"属性"面板，设置单元格的高度。

15.4.2　案例设计

本案例效果如图 15-112 所示。

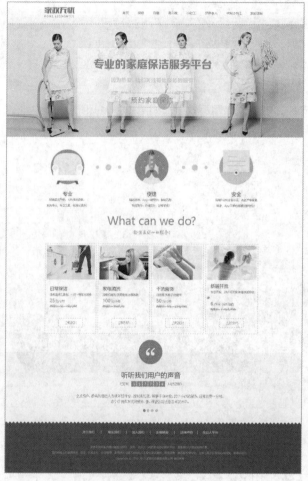

图 15-112

15.4.3　案例制作

案例制作的详细操作步骤见二维码。

课堂练习——电子商情网页

【练习知识要点】使用"Image"按钮，插入网页装饰图像；使用"属性"面板，设置单元格和文字颜色制作导航效果；使用"CSS 设计器"面板，控制表格边线、背景颜色和图像边距；使用"表单"按钮，制作用户登录效果，效果如图 15-113 所示。

【效果所在位置】云盘/Ch15/效果/电子商情网页/index.html。

课后习题——男士服装网页

【习题知识要点】使用"页面属性"命令，设置网页背景颜色及边距；使用输入代码方式设置图片与文字的对齐方式；使用"CSS 设计器"面板，设置文字大小、行距及表格边框效果，如图 15-114所示。

【效果所在位置】云盘/Ch15/效果/男士服装网页/index.html。

图 15-113

图 15-114